만화로 배우는
동물의 역사

만화로 배우는 동물의 역사

초판 1쇄 발행 2022년 8월 30일

지은이 카린루 마티뇽 / **그림** 올리비에 마르탱 / **옮긴이** 이정은 / **감수** 장이권
펴낸이 조기흠
기획이사 이홍 / **책임편집** 최진 / **기획편집** 이수동, 이한결
마케팅 정재훈, 박태규, 김선영, 홍태형, 배태욱, 임은희 / **제작** 박성우, 김정우
교정교열 책과이음 / **디자인** 이슬기
펴낸곳 한빛비즈(주) / **주소** 서울시 서대문구 연희로2길 62 4층
전화 02-325-5506 / **팩스** 02-326-1566
등록 2008년 1월 14일 제25100-2017-000062호
ISBN 979-11-5784-609-2 03400

이 책에 대한 의견이나 오탈자 및 잘못된 내용에 대한 수정 정보는 한빛비즈의 홈페이지나
이메일(hanbitbiz@hanbit.co.kr)로 알려주십시오. 잘못된 책은 구입하신 서점에서 교환해드립니다.
책값은 뒤표지에 표시되어 있습니다.

⌂ hanbitbiz.com   facebook.com/hanbitbiz   post.naver.com/hanbit_biz
▶ youtube.com/한빛비즈   instagram.com/hanbitbiz

L'Incroyable histoire des animaux by Karine-Lou Matignon and Olivier Martin
Copyright © Les Arènes, Paris, France, 2021.
All rights reserved.
Korean Translation Copyright © Hanbit Biz, inc., 2022.
This Korean Edition is published by arrangement with Les Arènes, France through Milkwood Agency, Korea.
이 책의 한국어판 저작권은 밀크우드 에이전시를 통한 저작권자와의 독점 계약으로 한빛비즈(주)에 있습니다.
저작권법에 의해 보호를 받는 저작물이므로 무단 복제 및 무단 전재를 금합니다.

지금 하지 않으면 할 수 없는 일이 있습니다.
책으로 펴내고 싶은 아이디어나 원고를 메일(hanbitbiz@hanbit.co.kr)로 보내주세요.
한빛비즈는 여러분의 소중한 경험과 지식을 기다리고 있습니다.

인류 문명을 이끈
놀랍고 신비로운 동물 이야기

만화로 배우는 동물의 역사

글 카린 루 마티뇽 | **그림** 올리비에 마르탱
번역 이정은 | **감수** 장이권

한빛비즈

레오나, 유키, 베르나데트와
세상의 모든 동물에게
감사하며

"우리로 하여금 말하는 존재와 말하지 않는 존재, 영혼이 있는 존재와 영혼이 없는 존재, 이름을 부여받을 수 있는 존재와 요리되어 먹힐 수 있는 존재 중에서 하나를 선택하도록 강요하는 인간과 동물 사이의 단절, 격차에 대한 은유를 우리는 반드시 포기해야 한다. 여러 민족을 통째로 노예로 만들고 몰살하도록 이끈 이 비극적 은유는 훗날 서열을 구분하려는 시도로 변모하는데, 여기에서 생물 등급의 꼭대기에 있는 인간은 지구상에 사는 다른 생물이 동물이든 인간이든 자신을 불편하게 만들면 함부로 파괴하거나 잡아먹거나 지구에서 몰아낸다."

- 보리스 시륄니크, 《세상이 거는 마술》

들어가는 말

동물이 없다면 세상은 인간적이지 않을 것이다
"토끼 중에서 역사학자가 나오지 않는 한, 역사는 사냥꾼들에 의하여 이야기될 것이다."[1] 그런데 만일 우리가 한 번만 동물의 편에 서서 동물이 인간과 맺는 관계에 대해 이야기해본다면 어떨까? 관점을 바꾸어 바라보면 동물이 인간의 진화에서 매우 중요한 역할을 했음을 확인할 수 있다.

야생동물이든 가축이든, 동물은 모든 시대에 인간과 함께 생활했다. 동물은 인간을 잡아먹었지만 또 보호하기도 했다. 동물은 인간의 전설 어디에나 풍성하게 등장하고, 인간이 두려움을 극복하도록 해주었으며, 인간이 정복에 나설 때 함께했다. 동물은 예술가와 발명가들에게 영감을 주었고, 상업 교류 확대에 기여했으며, 인간의 도덕과 의무, 법에 의문을 제기했다. 오늘날 동물은 인간이 자신의 미래에 대하여 질문을 던지도록 이끈다.

초기 관계에 대한 새로운 자각
일부 원주민(아마조니아, 오세아니아, 북아메리카 등지…)은 동물을 인간과 동등한 존재 또는 안내자, 혈족으로 간주한 반면, 서구는 전혀 다른 접근법을 우선시한다. 이 접근법에서 인간과 동물 사이에는 명확한 경계가 그어진다. 인간이 다른 모든 생물보다 우월하다는 생각이 고대에 생겨나 여러 일신교와 함께 발달한다. 오로지 인간만 의식을 지녔고 이성적으로 추론하고 고통을 느낄 수 있다는 전제를 바탕으로, 동물은 감각 및 인지능력을 지니지 않았다고 간주되어 도구의 등급으로 실추했다. 이러한 생각은 17세기 실험과학과 20세기 축산학[2]의 방향을 결정했고, 더 넓게 보면 인간이 자연을 개발하는 방식을 결정했다. 그리하여 동물은 결코 그 자체로서 간주되지 못하고 동물에 대한 인간의 생각과 인간이 동물에게 지운 역할을 기준으로 평가되었다.

---

1) 하워드 진, 유강은 옮김, 《미국민중사》, 이후, 2008.
2) 가축의 사육과 번식을 다루는 과학 분야

19세기부터 20세기에 이루어진 과학적 발견 덕분에 인간은 아주 느리게 그러한 시각을 재검토하게 된다. 인간은 자신이 동물과 생물학적 유산 및 행동 유산을 공유하고 있음을 발견한다. 동물과 인간 각자의 독특함을 이루는 차이가 있지만, 유사함도 존재한다. 여러 연구를 통해 크기가 아주 작은 동물부터 매우 큰 동물까지 놀라운 능력을 지녔음이 증명된다. 개체와 종에 따라 동물은 제각기 서로 다른 수준으로 지능과 의식, 소통하고 감정을 느끼는 능력을 드러낸다.

앞으로 써 내려갈 이야기

이 책은 인간과 동물이 공유하는 역사의 주요한 단계 중 몇 개를 이야기한다. 이 책이 독자에게 상식과 정직함, 통찰력을 바탕으로 그 관계의 미래를 더 깊이 숙고하고 전망할 욕구를 불어넣을 수 있다면 좋겠다. 지식이 확장되어 여러 증거가 제시되었고, 인간은 동물 및 동물을 둘러싼 자연을 바라보는 시각을 서서히 바꾸면서 지구에서 동물이 차지하는 위치를 다시 정의 내리게 되었다. 이 새로운 자각으로 인간은 동물과 맺어온 장대한 역사를 앞으로 어떤 식으로 이어갈지 스스로 묻게 된다. 이제 동물과 인간을 대립시키지 않으면서 둘 사이에 무언가 다른 이야기를 새로이 만들어갈 때가 왔다.

카린루 마티뇽

차례

들어가는 말	::	8
공통의 기원	::	13
기회주의의 역사	::	25
문명화를 이끄는 동물	::	37
고대의 동물	::	43
중세와 근대의 동물	::	63
계몽 시대의 그늘 아래	::	79
동물과 19세기 혁명들	::	89
20세기의 동물	::	103
21세기의 동물	::	131
에필로그	::	167
참고문헌	::	174

공통의 기원

DES ORIGINES COMMUNES

가지에서 가지로

약 100만 년 전의 아프리카

크악 크악

오랫동안 인간은 지배하는 존재, 다른 모든 종보다 더 진화한 존재로 간주되었다.

어느 날 인간은 자신이 태어난 숲을 떠났을 테다.

저 녀석, 멀리 가지 못할 거야.

아마도 새로운 세상을 발견하기 위해서.

우리 내기할까?

종들의 여명

인류는 계통수*의 맨 꼭대기, 모든 생물이 진화해온 역사에서 최고 단계에 올라섰다.

하지만 이는 신화에 불과하다.

엥?

생물에는 서열이 없다. 다시 말해, 인간은 동물이나 식물보다 우월하지 않다. 계통수의 꼭대기가 아니라, 다른 종들과 더불어 그 가지 하나에 위치한다.

저 녀석 누구야?

식구라는데.

너희? 아니면 우리 식구?

*생물체의 진화적 역사를 간략하게 나타내는 나무

가족사진

동물들은 서로 다른 환경에서 차츰 개체수를 늘려가고, 우리가 물려받을 유전·생리·신경 기제 및 해부학적 구조를 발달시킨다.

초기의 네발 동물은 개별화된 손가락을 지녔다. 이 시기에 관절이 있는 손목이 형성된다. 5개의 손발가락이 달린 우리의 손과 발의 진화 역사는 이처럼 지느러미가 팔다리가 되며 시작된다.

인간의 가장 오래된 선조는 짧은 노 모양의 지느러미가 4개 달린 물고기다(4억 년 전).

인간의 척추는 척추가 있는 초기 물고기의 유연한 등뼈에서 기원한다.

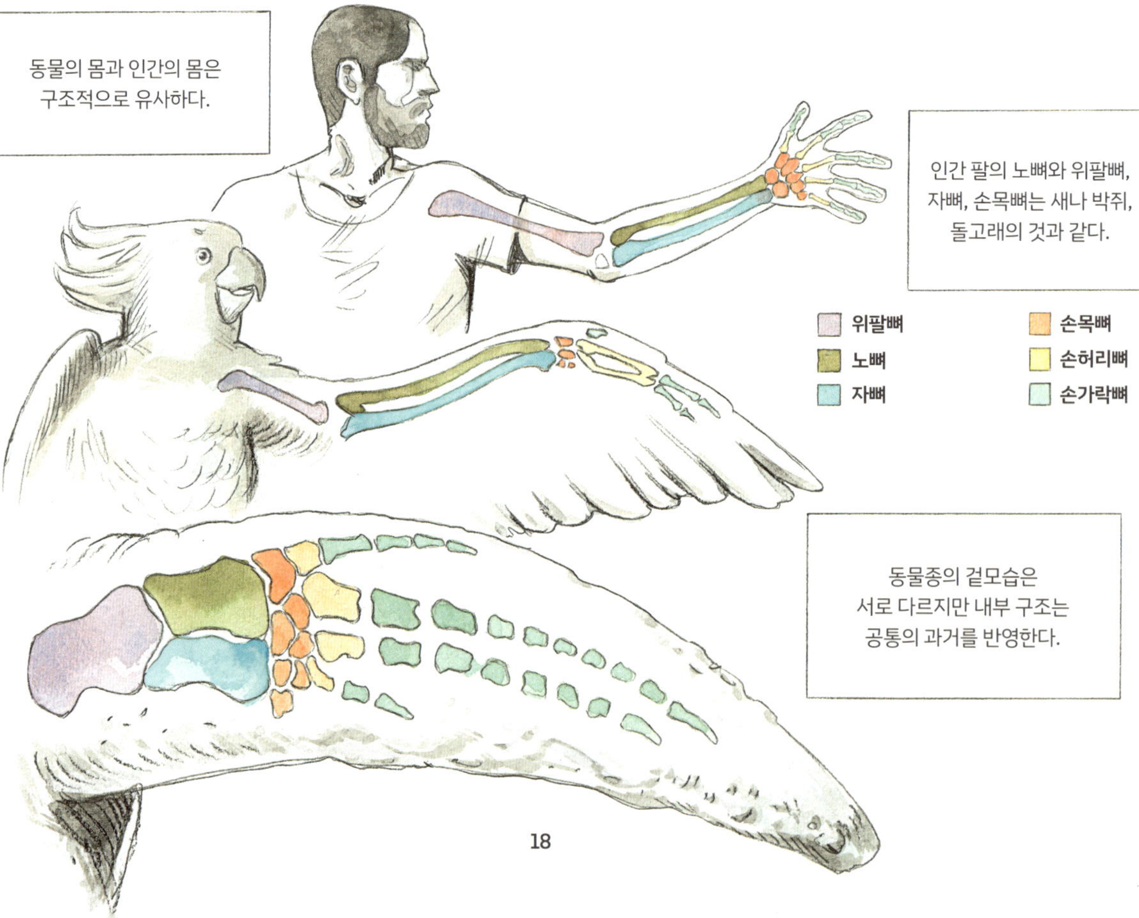

동물의 몸과 인간의 몸은 구조적으로 유사하다.

인간 팔의 노뼈와 위팔뼈, 자뼈, 손목뼈는 새나 박쥐, 돌고래의 것과 같다.

- 위팔뼈
- 노뼈
- 자뼈
- 손목뼈
- 손허리뼈
- 손가락뼈

동물종의 겉모습은 서로 다르지만 내부 구조는 공통의 과거를 반영한다.

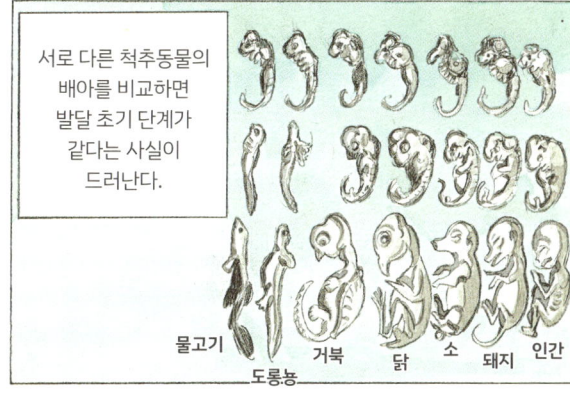

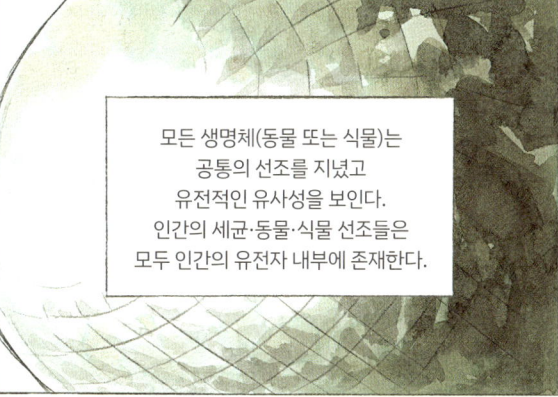
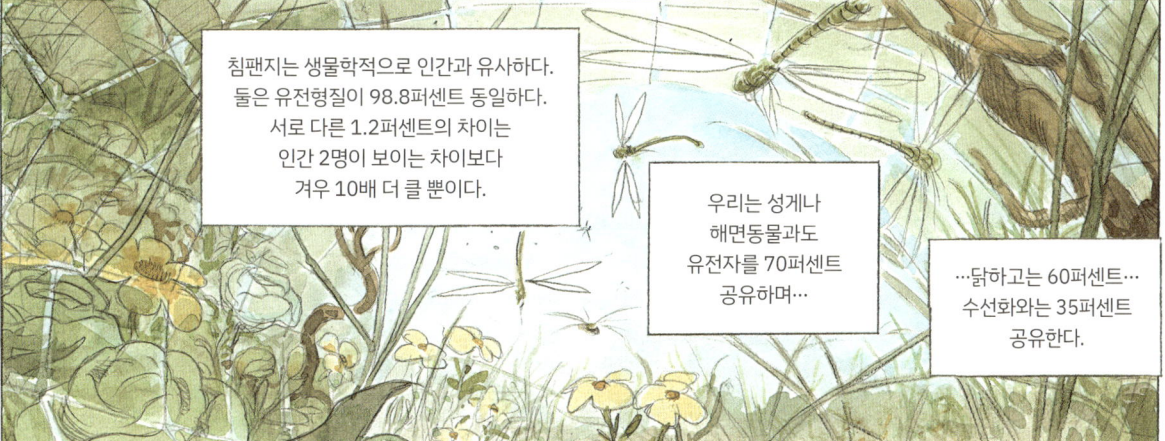

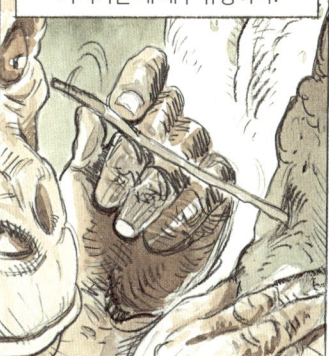

취약한 종

280만 년 전 인류는 불확실한 야생의 자연에 완전히 종속된 상태다.

인간은 식량을 찾아 끊임없이 이동하고 많은 포식자를 접한다.

인간이 가장 위험을 느낄 때는 밤이다.

인간의 안위는 발톱과 송곳니, 이빨이 달리고 기어올라 찌를 수 있는 동물에게 좌지우지된다.

동물은 인간에게 쉴 틈을 주지 않는다.

아프리카에서는 사자만 한 크기의 대형 하이에나 파키크로쿠타가 자주 인간을 잡아먹는다.

기회주의의 역사

UNE HISTOIRE D'OPPORTUNISME

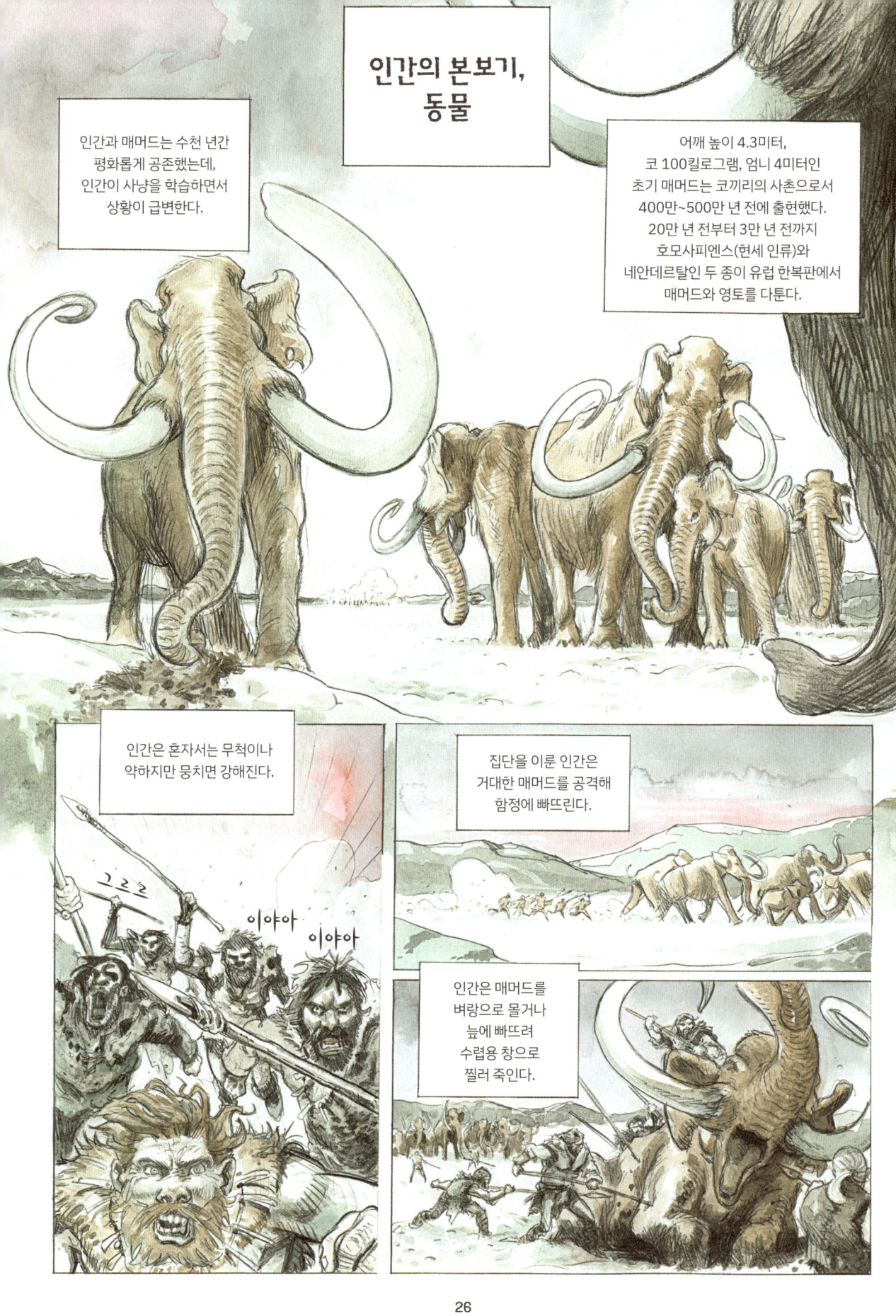

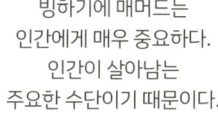
빙하기에 매머드는 인간에게 매우 중요하다. 인간이 살아남는 주요한 수단이기 때문이다.

매머드의 가죽과 고기, 기름, 털, 상아는 물론이거니와, 뼈도 연료나 주거를 짓는 자재로 활용된다.

매머드는 사냥에 적응할 수밖에 없다. 매머드의 서식지는 계속 줄어들고, 새끼는 젖을 더 일찍 뗀다. 이 거대한 동물은 저항력이 매우 강하지만 종은 쇠퇴한다. 따뜻해지는 기후가 이를 가속한다.

털매머드는 약 1만 년 전에 멸종한다.

시베리아 북부의 브란겔섬으로 피신한 난쟁이 종 하나만 살아남는다. 하지만 이 종도 약 4천 년 전에 갑자기 멸종한다.

소리 하나, 수상한 움직임 하나에도 인간의 몸은 다른 동물들처럼 아드레날린을 방출한다. 심장박동이 빨라지고 피가 근육과 뇌로 몰려 싸우거나 도망칠 때를 대비한다.

인간은 다른 동물들과 가까이 살면서 영장류처럼 독특한 경고성 외침을 내질러 서로 다른 포식자를 구분해 알리며 소통했을 가능성이 크다.

수렵 채집민이 생존에 도움이 되는 지식을 얻는 것도 동물을 관찰하면서부터다. 동물과 인간은 사활이 걸린 중요한 관계를 맺는다.

머릿니마저도 인간에게 유용하다! 인간은 서로 이를 잡아주는데, 이것은 사회적 의례이자 즐거움으로서 성적으로 이끌릴 때나 어머니와 자식 사이에서 작용하는 관계 호르몬인 옥시토신을 분비하게 만든다.

사람속이 동아프리카에서 출현한 이후 다른 동물들은 10만 개체에 불과한 이 작은 무리의 지배자로 군림한다.

인류는 언제든 사라질 수 있다.

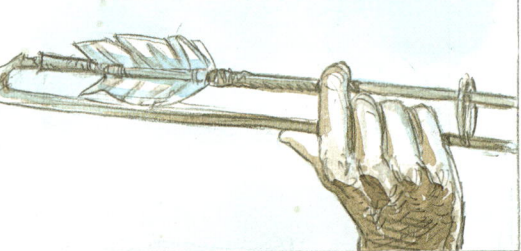

후기 구석기시대(4만 5천 년~1만 년 전) 유럽에서 투창기*와 작살, 활이 발명되어 사냥과 고기잡이가 더욱 활발히 이루어진다. 식량이 풍부해지면서 인구가 늘어 100만 명에 이른다.

유럽에서는 사냥과 더불어 동물을 구상적인 동굴 벽화의 주요 모델로 삼은 선사시대 예술이 발달한다. 이보다 2만 5천 년 전에 네안데르탈인은 기하학적 문양을 그렸고 음각 손 흔적을 (벽에 찍어) 남겼다.

암벽에 그려진 형상의 90퍼센트는 동물을 나타낸다. 대체로 대형 초식동물이고 맹수는 거의 없다. 맹수의 발톱과 이빨은 매장품과 노획물, 장신구로 사용된다.

동물은 잡아 먹힐 뿐만 아니라 인간의 정신 세계를 사로잡는다. 그림의 도상, 무기, 패물, 동물 형상이 조각된 도구, 무덤에 이르기까지 동물은 어디에나 존재한다.

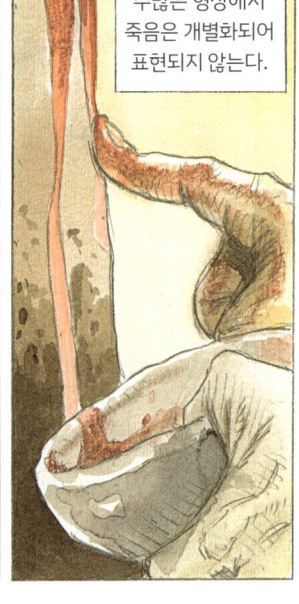

수많은 형상에서 죽음은 개별화되어 표현되지 않는다.

사냥 장면은 새의 머리를 한 사람 옆에 배가 갈린 들소가 암시적으로 그려진 형상(라스코 동굴 벽화)을 제외하면 없다.

*사정거리를 늘리는 지렛대 장치

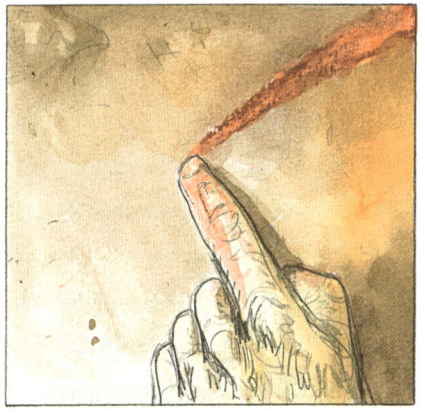

이들 그림은 동물에 대한 매료뿐 아니라 복잡한 비물질적 염려를 드러낸다. 어떤 연구자는 여기에서 박물학적인 관찰이 표현되었다고 보는 반면, 다른 이들은 오히려 물활론적인 정신성(사냥 마술, 샤머니즘, 토템 숭배)에 가깝다고 생각한다.

어느 연구*에 따르면 쇼베 동굴(프랑스의 아르데슈)의 암벽 그림 중 41퍼센트가 원근법을 사용해 동물의 움직임(달리기와 도약 등)을 재구성했다고 한다.

흔들리는 햇불의 빛이 그림에 반사되어 시대를 앞선 애니메이션처럼 작용했을지 모른다.

무척 잘 그렸네!

그래, 손재주가 좋아!

3만 2천 년 전 사용된 이러한 그래픽 기법은 오늘날 만화와 영화에서 여전히 사용된다.

*동굴예술 전문가인 선사학자 마르크 아제마(툴루즈대학교)의 연구

늑대는 남은 음식을 훔쳐 먹으려고 인간이 사는 곳 근처를 맴돈다. 사람이 자연에서 데려온 어미 잃은 늑대를 여자들이 젖을 먹여 기른다. 이는 여러 전통사회에서 이루어진 관행이다. 오늘날에도 인도(비슈노이 공동체)에서는 여자들이 어미 잃은 사슴에게 젖을 먹여 기른다.

동물의 생애 최초 몇 주는 그 동물이 인간과 맺는 관계를 결정한다.

신체 접촉과 영양 섭취가 남긴 인간의 '흔적'은 동물이 습성을 바꾸고 인간에게 애착을 갖게 만든다.

이렇게 거두어 길들여진 뒤, 온순한 성질에 따라 선별된 늑대는 수 세대를 거치며 인간을 자기 무리의 구성원으로 간주하며 개가 된다.

인간은 보초이자 사냥 보조자의 역할을 하는 동물이 있음으로써 보호받는다고 느낀다. 마음이 평안해지자 휴식을 취하고 일상을 조직하는 데 집중하기가 더 쉬워진다.

후기 구석기시대가 끝나며 기후변화로 말미암아 초원의 초식동물이 사라진다. 인간은 산토끼, 사슴, 영양, 새 등 더 빠른 먹잇감을 잡아야 한다.

가서 찾아!

빠른 개는 너무 느린 동물인 인간에게는 완벽한 사냥 보조자다.

가장 빠른 인간도 토끼보다 느리게 뛰며, 가장 느린 물고기 중 하나인 잉어의 속도로 헤엄칠 수 있을 뿐이다.

개는 인간의 진정한 보조자로서 인간이 여러 제약에서 벗어나 새로운 활동에 집중할 수 있도록 돕는다.

인간은 뇌가 진화하면서 감각능력이 쇠퇴한다. 이는 인류 진화에서 핵심적인 단계다. 여자는 늑대에게 젖을 먹여 기르고 가축화했을 뿐 아니라, 늑대 곁에서 커다란 동물을 사냥하고 낚시하고 도구를 깎아 만든다.

여러 무덤을 검토한 결과, 연구자들이 힘이 세고 용감한 남자 사냥꾼이라고 생각했던 뼈대는 사실 여자들의 것이었다.

착
착

개도 변한다.

시간이 흐르면서 몸집이 줄어들고,
주둥이가 짧아지며,
귀가 축 처지고,
꼬리가 돌돌 말린다.

초기의 개는 어린 늑대를 닮았다.
이 같은 '유형성숙'은 본래 종의 어린 특성이 성숙한
개체에도 계속 남아 있는 현상이다. 짖는 것은 늑대의
미성숙한 특징이다. 늑대는 새끼일 때만 짖는다.

멍
멍!

동시에 인간과 늑대의 관계도 변한다.
이제는 사냥 파트너가 아닌 늑대는
다시 경쟁자이자 위험한 대상이 되고,
인간은 개의 도움을 받아 늑대로부터
자신을 지킨다.

문명화를 이끄는 동물

L,ANIMAL, PILIER DE LA CIVILISATION

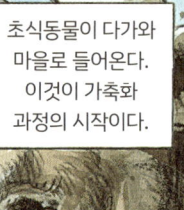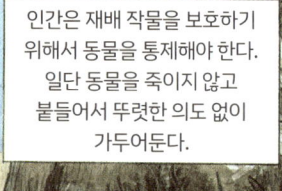

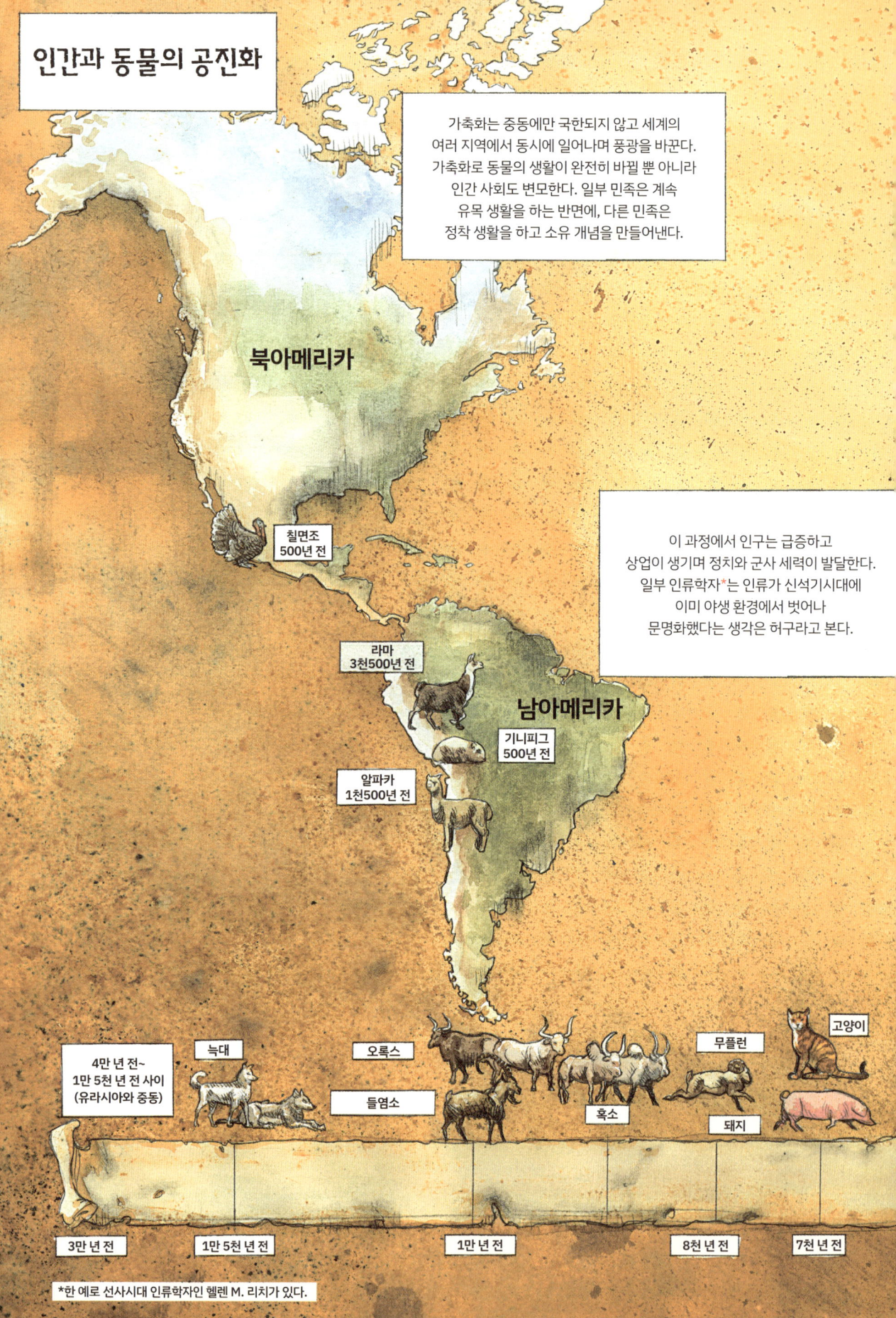

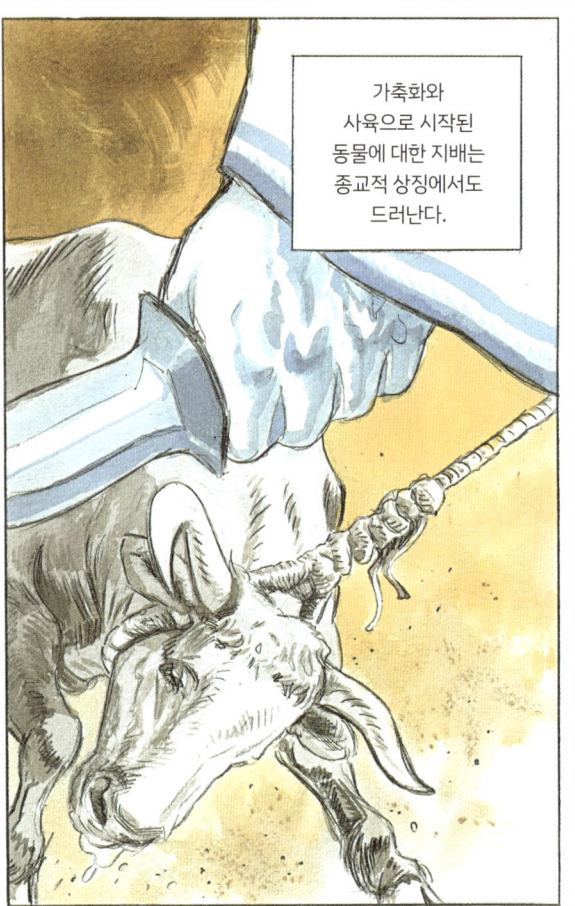

고대의 동물

LES ANIMAUX DANS L'ANTIQUITÉ

가축을 공격하고 농민의 삶을 위협해 늘 두려움의 대상인 암사자는 신성하다. 문자 그대로 '강력한 여인'을 뜻하는 세크메트는 전쟁과 보호의 여신이다.

전갈은 죽은 자의 장기를 방부 처리해 보관하는 카노푸스 단지를 지키는 여신인 셀케트의 화신이다.

개의 머리를 한 인간

이집트의 신은 각기 하나의 동물로 인격화된다. 개의 머리를 한 인간의 형상으로 표현되는 아누비스는 방부 처리를 관장하는 죽은 자의 신이다. 몸을 영원히 보존하는 미라화를 주관하고 저승에서 영혼이 심판을 받도록 인도한다.

네크로폴리스의 수호신으로서 인간의 몸을 하고 있고, 또 밤낮으로 지키기에 개의 검은 머리를 지녔다.

아누비스 숭배로 개 숭배가 생겼다. 이집트 내륙에 있는 '개의 도시' 키노폴리스는 멤피스에 있는 또 다른 곳과 더불어 주요한 숭배 성소가 된다.

키노폴리스에서는 개가 신성한 음식을 받아먹고, 개의 초상은 인간의 무덤을 장식하며, 개를 묻는 공동묘지도 있다. 개 한 마리가 죽으면 그 개와 함께 살던 사람들은 애도하는 표시로 머리털과 눈썹, 몸의 털을 깎는다.

은혜로운 황소

아피스 황소는 이집트에서 매우 성스러운 동물 중 하나다.

천상의 번개 모양을 취한 프타 신에 의해 수태된 암소에게서 난 아피스는 이집트 민족에게 비옥함과 풍요로움, 번영의 상징이다.

와우!

아피스 황소 숭배는 고대 이집트 시대 초기로 거슬러 올라간다(기원전 3000년 이전).

전국에서 한 번에 단 한 마리의 황소만 숭배되었다. 그 황소가 죽으면 아피스는 다른 어린 황소 중 하나로 환생하고, 사제들이 즉시 그 황소를 찾아내는 임무를 맡는다.

아피스가 강생할 송아지가 태어났다는 소문이 돌면, 사제들이 그 송아지를 검사한다. 천상의 황소가 되기 위한 조건은 까다롭다.

?

송아지는 검은색이어야 하고, 이마에 하얀 삼각형을 지녔으며, 등에는 독수리 모양, 혀 아래에는 풍뎅이 모양이 있으며, 꼬리의 털은 둘로 갈라져 있어야 한다.

아피스 소가 도착했다는 발표에 이집트는 환희로 들뜬다.

이 소가 맞습니다.

쟤들이 하는 말이 정말이야? 내가 정말 신인가?

나라면 그 말을 너무 믿지 않겠어.

만세
만세
만세
우와
우와

희생 관행

고대에 동물은 신들과 인간의 중개자로 여겨진다.

그런데 인간이 초자연적인 존재와 소통하고 신의 보호를 확보하려면 동물 희생이 요구된다.

동물을 죽여 신에게 제물로 바치는 것이다.

다음은 누구 차례지?!

고졸기 그리스(기원전 700~400년) 시대에 동물 사육자들은 자신의 유일한 재산인 동물을 죽이기를 주저한다.

오, 오, 예감이 안 좋은걸…

황소를 희생하는 일은 정확한 의례를 따라야 한다. 황소가 죽임을 당한다고 동의해야 하는 것이다! 황소는 꽃으로 치장되어 제단까지 인도된다. 그다음에 황소의 머리에 곡식을 던져 동의한다는 신호로 머리를 끄덕이게 한다.

동물의 목에서 나온 피는 신의 몫으로 돌아가고 나머지는 인간이 차지한다.

꾸엑 꾸엑!!

기도와 더불어 향연이 이어진다. 이 신성한 진수성찬은 사회관계를 다진다. 이러한 예외는 곧 일상이 된다. 시간이 흐르며 제물 공양과 흥청망청한 식사가 늘어난다.

영국에서 온 초기 순례자들이 새로운 땅에서 살아남게 해준 풍성한 수확에 대해 신에게 감사하는 날인 북미의 축제인 추수감사절은…

이 유명한 추수감사절 때문에 이날만 칠면조 약 4천600만 마리가 죽고 식품가공업계는 행복해한다.

…1789년에 비종교적인 공식 축제가 된다. 전통에 따라 가족이 함께 모여 속을 채운 칠면조를 오븐에 구워 먹는다.

터무니없는 전통에 따르면 이 중 칠면조 단 한 마리가 미국 대통령에게 사면을 받는 특혜를 누린다!

그리스 철학
인간이 동물과 맺는 관계를 생각하기 시작할 때

그리스의 사상가들은 동물의 본성에 대해 질문을 던진다. 동물이 인간과 근본적으로 다른가? 다르다면 어떻게 다른가?

이 시대에는 2가지 생각의 흐름이 공존한다. 하나는 동물과 인간의 동류성을 강조하고, 다른 하나는 넘어설 수 없는 본성의 차이를 강조한다.

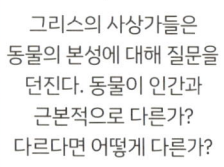

인간-동물 관계의 핵심을 차지하는 이 질문은 수 세기를 이어지며 오늘날에도 여전히 우리를 골몰하게 만든다.

테오프라스토스의 주장

인간은 동물과 혈족 관계를 맺습니다. 우리는 동물을 존중할 의무가 있죠. 나는 동물 희생에 반대합니다.

<육식: 동물에 관한 논설>에서 플루타르코스는 동물의 입장을 옹호하며 더 멀리 나아간다.

동물은 이성을 사용합니다. 따라서 동물을 죽이고 먹는 것을 금해야 합니다. 짐승 고기를 먹는 것은 이치에 어긋납니다.

피타고라스도 "인간과 동물 사이에 간극이 존재하지 않으며, 동물을 죽이는 것은 진정한 살해"라고 간주한다. 모든 영혼이 불멸하고 환생하므로 아버지나 친척의 영혼이 개나 돼지의 몸에 깃들 수 있다고 생각한다.

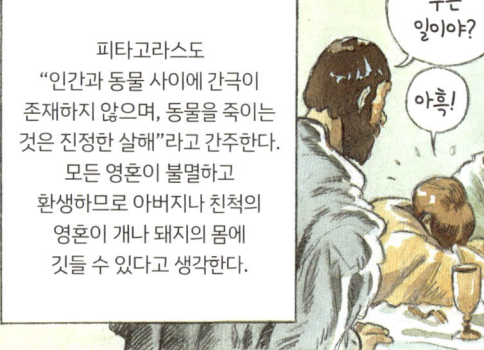

무슨 일이야?

아흑!

얘가 방금 자기 숙모를 먹었다네!

이 원칙에 근거해서 피타고라스는 동물을 먹는 것을 금하는 게 신중하다고 판단한다.

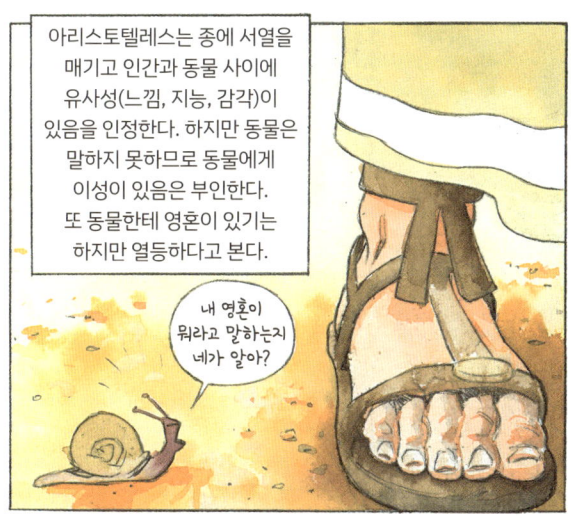

유일신의 포로가 된 동물

서커스 유흥에 사용할 동물 수천 마리를 포획하려고 여러 파견대가 아프리카와 아시아, 유럽으로 떠난다. 야생동물 거래가 대규모로 이루어진다. 특히 사자와 코끼리 포획이 너무 심해서 북아프리카의 동물이 희소해진다.

기원후 80년에 콜로세움 개관을 축하하려고 벌인 축제 기간 100일 동안 맹수 5천 마리가 죽는다. 호노리우스 황제는 콜로세움에서 난투극이 벌어진 후 6세기쯤 로마에서 맹수 싸움을 금지한다.

원형경기장에서 벌어지는 살육에 갈채를 보낸 다음 집으로 돌아온 로마인들은 자신이 기르는 애완동물에게 애정을 쏟는다.

그 서커스, 너무 폭력적이야!

그래, 나는 물고기한테 먹이 주는 게 더 좋아…

그게 더 느긋하지.

집 밖이나 안에 있는 못에서 길들여지거나 보호받는 동물들은 가끔 보석으로 치장된다. 그 예로 노예를 먹여 기르기도 하는 곰치가 있다.

새도 사랑받는다. 사람들은 새에게 라틴어와 그리스어를 가르친다.

Ένα μόνο πουλί σε ένα κλουβί, η ελευθερία είναι στο πένθος.*

새가 죽으면 화장한 재를 가족 묘지에 안치한다.

새는 인간에게 사랑받을 뿐 아니라 종교적 기능 때문에 존중받는다.

점술가 혹은 자연현상을 해석하는 임무를 맡은 사제들은 새의 비행을 해독한다. 새가 왼쪽으로 이동하면 오른쪽으로 이동하는 때에 비해 불길한 조짐이다.

이 새들은 좋은 징조야 불길한 징조야?

*"새 한 마리가 새장에 갇히면 자유는 슬픔에 잠긴다."(자크 프레베르)

카피톨리노 언덕의 파수꾼, 거위

고대 로마에서 유피테르, 미네르바, 유노에게 바쳐진 신전은 카피놀리노 언덕에 있다.

거위는 생명과 함께, 매년 따스한 날이 되돌아옴을 상징하는 새다.

이 신전에서는 신들의 여왕인 유노를 기리며 희생되는 신성한 거위들을 돌본다.

기원전 4세기에 로마인들은 갈리아 지방에 정착한 켈트족에게 위협을 받는다. 기원전 390년에 갈리아족의 수장 한 사람이 로마를 점령하면서 로마 주민들은 로마의 부가 보유된 카피톨리노 언덕에 내몰린다.

몇 달이 지나서 갈리아족은 밤을 틈타 그곳을 점령하려 한다.

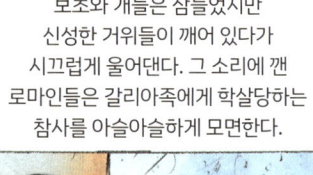

보초와 개들은 잠들었지만 신성한 거위들이 깨어 있다가 시끄럽게 울어댄다. 그 소리에 깬 로마인들은 갈리아족에게 학살당하는 참사를 아슬아슬하게 모면한다.

그에 대한 감사의 뜻으로 거위와 그 후손은 생명을 보장받고 더 이상 희생 제물로 바쳐지지 않는다.

반면에 자신의 임무에 실패한 개는 벌을 받아 죽음에 처해진다. 매년 이 사건을 기리는 행렬이 조직된다.

리본을 단 거위들은 당당하게 도시로 들어서며 환호를 받지만 개들은 길을 따라 산 채로 십자가에 못 박혀 매달린다.

그리스의 왕 피로스가 코끼리 20여 마리를 이끌고 전투에 나서자 로마 기병대는 공포에 질려 전투에 패배한다.

어, 벌써 끝났어?

그랬다가 그다음 전투에서 코끼리가 겁에 질리면 같은 편에도 심각한 피해를 줄 수 있음을 깨닫는다!

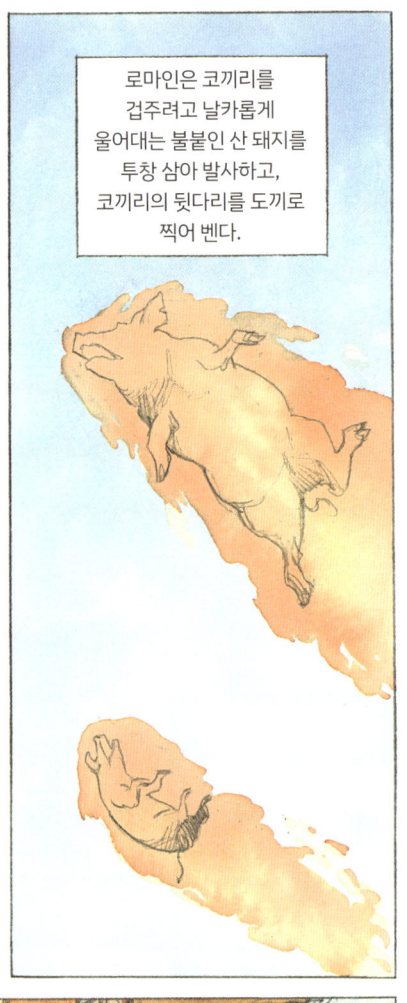

로마인은 코끼리를 겁주려고 날카롭게 울어대는 불붙인 산 돼지를 투창 삼아 발사하고, 코끼리의 뒷다리를 도끼로 찍어 벤다.

뒤이어 갈리아 지역을 정복할 때는 자신들이 직접 코끼리를 사용한다.

중세와 근대의 동물

MOYEN ÂGE ET TEMPS MODERNES

말을 정복하기 위하여

발상지에 따라 기원전 6000년부터 4000년 사이에 동유럽과 중앙아시아의 초원 지대에서 길들여지고 가축화한 말은 정착 생활을 하는 인간을 장거리 여행자로 변모시켰다.

기원전 3000년 고대 메소포타미아에서 수메르인이 말을 전차에 연결해 운송과 밭일, 전투에 사용한다. 아직은 말에 잘 올라타지 않는다. 기원전 1000년까지는 사냥과 전투를 할 때 가끔 말에 올라타지만 안장은 사용하지 않는다.

기원전 1500년 이집트에서 말은 수레나 쟁기를 매달아서만 사용한다.

기원전 35세기에 미탄니(소아시아)의 말 조련사 키쿨리가 점토판에 최초의 승마 개론서를 새겨 말을 돌보고 조련하는 기술을 설명한다. 이것이 유라시아 초원을 비롯해 전 지역에 퍼지고, 이 시기부터 유목민 기수가 말 타는 법이 전투 기법으로서 체계화한다.

초원은 무한히 펼쳐져 있다. 사람이 다가가면 도망치는 사이가산양과 야생말, 타르판을 도보로 다니면서 사냥하기는 힘들다. 인간은 이들을 붙잡으려 매복하지만 말은 자기 새끼를 위협하는 모든 포식자에게 하듯 거칠게 달려든다.

기원전 4500년, 농경민족이 계속 번성하며 말을 집중적으로 사냥하고, 이 때문에 말 떼가 희소해진다. 바로 이 시기에 인간과 말 사이에 완전히 새로운 관계가 정립된다.

가축을 기를 수 있게 되면서 사냥이 더는 예전처럼 생존하는 데 필수적이지 않다.

야생 암말을 붙들어 가둔 인간은 젖과 망아지에 집중한다.

어느 날…

어린 말 한 마리가 인간이 등에 올라타도록 허락한다.

그때 생겨나는 관계로 이 둘의 관계와 미래, 세계의 미래가 완전히 바뀐다.

정착 생활을 하며 서로 멀리 떨어져 살던 인간은 이제 먼 거리를 가로지르고, 가축을 이끌며 유랑하고, 이웃 공동체를 만나고, 교류하고, 혼인과 동맹 관계를 맺는다.

이동성과 더불어 권력욕도 생긴다. 말은 초원에서 인간을 등에 태워 인간이 새로운 공간을 정복하고, 경제의 결실을 수출하고, 기술과 전통을 전파할 수 있도록 한다.

따라서 말은 제국 창조자들의 첨병이다! 12세기에 몽골의 왕 칭기즈칸은 기병 수만 명을 이끌고 중앙아시아와 동유럽을 정복해 역사상 가장 큰 제국을 건설한다. 말이 없었다면 불가능했을 일이다.

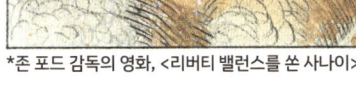

1549년 예수 승천 대축일을 맞아 플랑드르 지방에서 고양이 20여 마리를 무대에 등장시키는 '콘서트'가 카를 5세와 그 가족이 있는 자리에서 열린다. 어느 논평가의 증언에 따르면 곰 한 마리가 이 '고양이 오르간'을 연주했다고 한다.

수확철이 시작되는 성 요한 축일에는 고양이들을 자루나 큰 통에 가두어 화형대 위에 매달아둔다.

환희에 찬 군중은 자루나 통이 찢어지거나 깨져서 고양이들이 불에 떨어져 산 채로 타기를 기다린다.

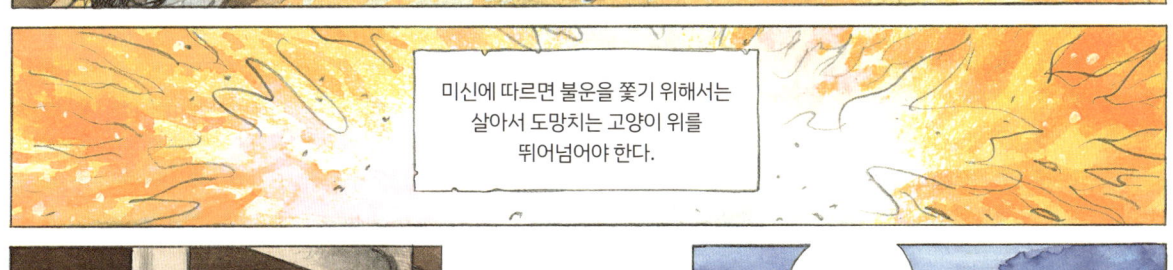

미신에 따르면 불운을 쫓기 위해서는 살아서 도망치는 고양이 위를 뛰어넘어야 한다.

전과자

1386년, 프랑스 노르망디 지방 팔레즈. 갓난아기를 잡아먹은 혐의로 고소당한 암퇘지가 붙들려 교도소에 갇힌다.

유죄!

재판은 9일 동안 계속된다. 법률 집행인이 암퇘지가 갇힌 감방으로 와 돼지의 관선 변호사가 있는 자리에서 평결을 낭독한다.

암퇘지는 광장으로 끌려간다.

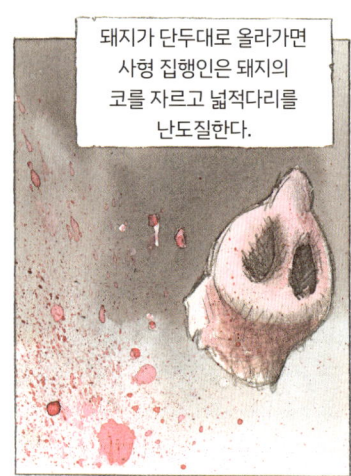
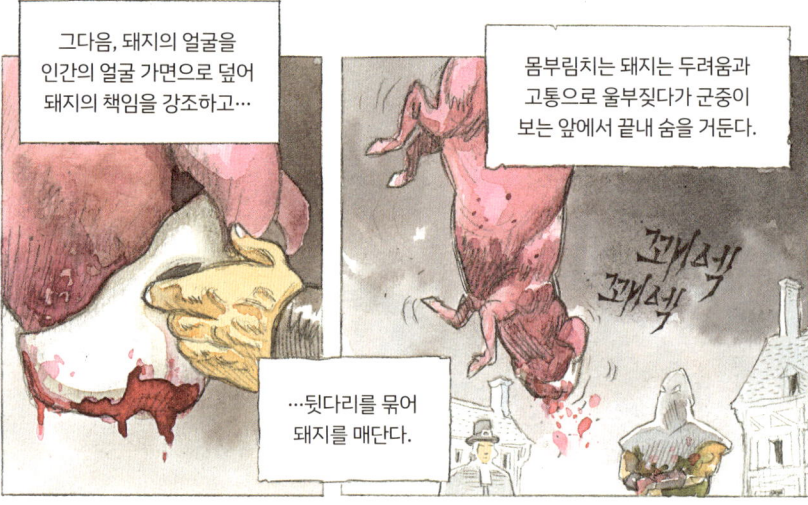

돼지가 단두대로 올라가면 사형 집행인은 돼지의 코를 자르고 넓적다리를 난도질한다.

그다음, 돼지의 얼굴을 인간의 얼굴 가면으로 덮어 돼지의 책임을 강조하고…

몸부림치는 돼지는 두려움과 고통으로 울부짖다가 군중이 보는 앞에서 끝내 숨을 거둔다.

…뒷다리를 묶어 돼지를 매단다.

죽여라!! 죽어! 죽여라!!

마을의 인간과 동물은 교훈을 얻기 위해 반드시 사형 집행을 보러 와야 한다.

1457년 프랑스 콩피에뉴에서 또 다른 암퇘지가 고문을 받다가 아이를 잡아먹었다고 자백한다. 이 돼지는 나무에 매달렸으나, 새끼 돼지들은 나이가 어리다는 이유로 무죄를 선고받는다.

중세에는 동물 재판이 많이 열린다. 종교 및 민사 법원이 이 재판을 담당한다.

집행관은 법원에 출두할 송충이와 들쥐를 소환하려고 들판을 뒤진다.

대다수는 수확물을 파괴했다는 이유로 형을 선고받는다. 평결의 엄격함은 노아의 방주에 오른 서열에 따라 다르다.

산토끼에 암컷이면 범주 1로 간주되므로 해롭군.

수집 대상

야생동물이 붙들린 채 처음 전시된 곳은 3천400년 전 이집트 테베의 신성한 동물원이다. 이것은 19세기에 널리 퍼진 공공 동물원의 전신이다.

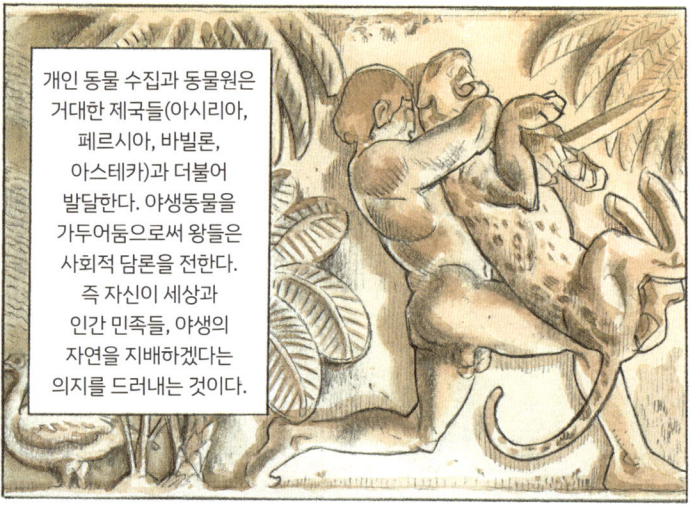

고대 로마 사람들은 기린이 낙타와 표범, 사자가 교잡한 동물이라고 생각했다. 기린은 오랫동안 신화적인 동물로서 유럽에 알려져 있지 않았다.

드디어 도착했군!

이제껏 그토록 강한 매력과 열광을 불러일으킨 동물은 없었다. 1827년 6월 파리에 도착한 자라파는 먼저 생클루에서 왕에게 소개되었고, 궁정은 기린에게 희귀한 꽃들을 먹이로 선물한다. 그런 다음 자라파를 식물원으로 데려가 정착시킨다. 자라파가 도착한 다음 날, 1만 명이 넘는 인파가 구경을 하러 왔다.

자라파를 위하여 시, 노래, 희곡 작품이 창작된다. 자라파는 '기린' 유행을 불러일으켜 식기와 19세기 여성들의 머리 모양 디자인에 쓰이며 크게 인기를 얻는다. 케이크부터 접시, 부채, 사탕, 과자, 피아노에 이르기까지 기린의 모습은 어디에나 등장한다!

샤를 10세가 1830년에 폐위된 뒤 열기는 가라앉는다. 자라파는 나중에 온 다른 기린 한 마리와 함께 계속 파리에 산다.

자라파는 20세에 폐 질환을 얻어 서서히 약해지다가 1845년 1월에 죽는다. 이 죽음은 대중에게 알려지지 않지만, 자연사박물관 연구자들은 서둘러 시체를 해부해 장기를 병에 채우고, 해부도를 그린 뒤 박제로 만든다.

계몽 시대의
그늘 아래

L'ANIMAL DANS L'OMBRE DES LUMIÈRES

*피뢰침을 발명한 벤저민 프랭클린
**소화하는 자동인형 오리를 발명한 자크 드 보캉송

이제 사람들은 미셸 드 몽테뉴를 잊는다. 몽테뉴는 이보다 조금 앞서서 동물-기계론을 거부하고 동물을 인간과 동등한 위치에 놓으며, 동물의 언어를 옹호하고, 인간과 달리 서로 예속하지 않는 동물의 현명함을 찬양한다.

"용기가 없다는 이유로 사자가 다른 사자의, 말이 다른 말의 노예가 된 적은 결코 없지요."

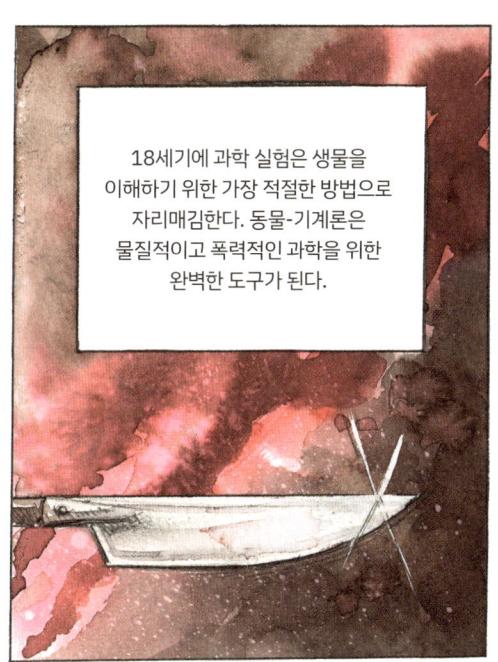

18세기에 과학 실험은 생물을 이해하기 위한 가장 적절한 방법으로 자리매김한다. 동물-기계론은 물질적이고 폭력적인 과학을 위한 완벽한 도구가 된다.

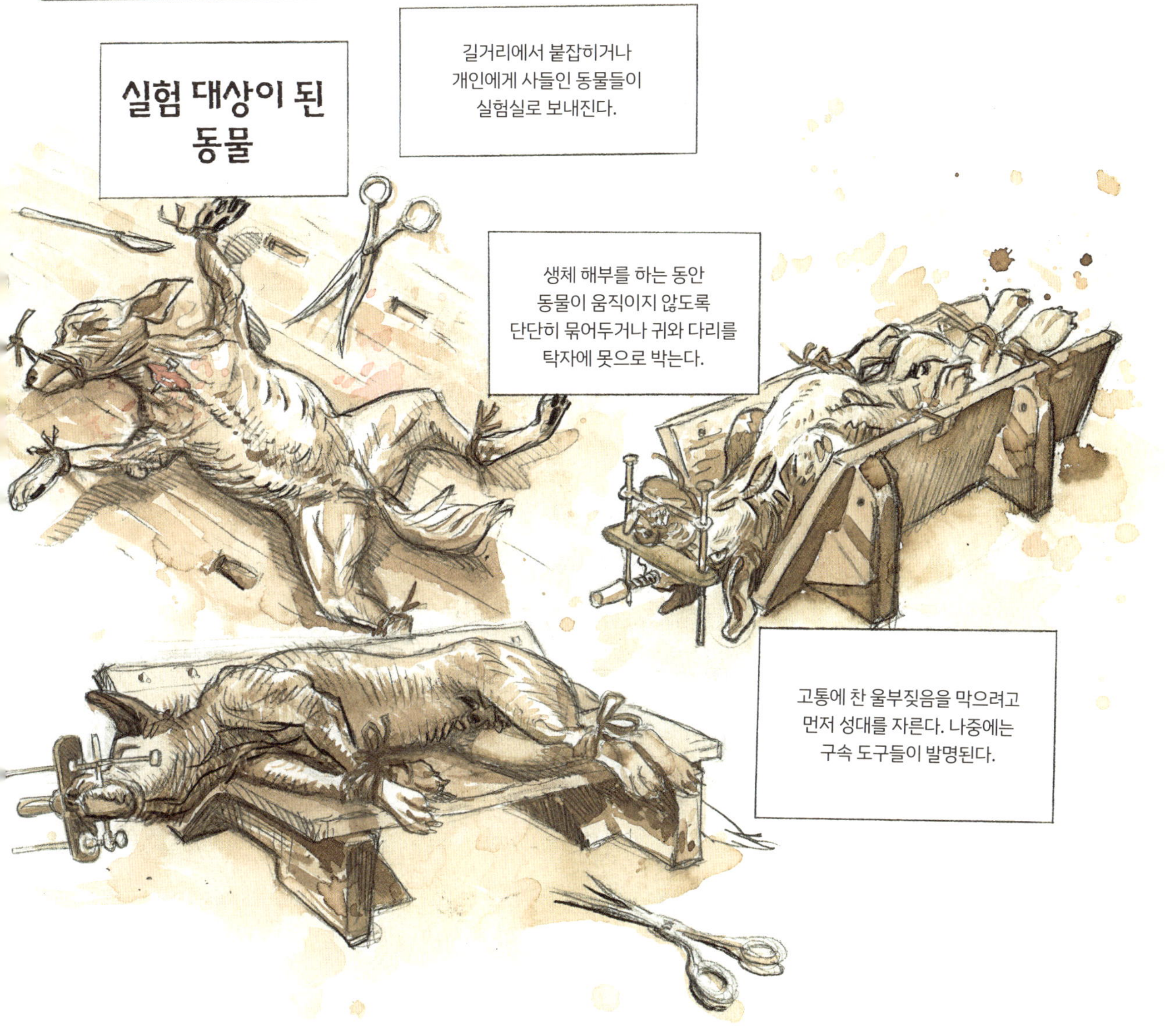

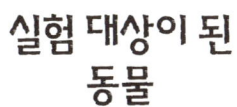

실험 대상이 된 동물

길거리에서 붙잡히거나 개인에게 사들인 동물들이 실험실로 보내진다.

생체 해부를 하는 동안 동물이 움직이지 않도록 단단히 묶어두거나 귀와 다리를 탁자에 못으로 박는다.

고통에 찬 울부짖음을 막으려고 먼저 성대를 자른다. 나중에는 구속 도구들이 발명된다.

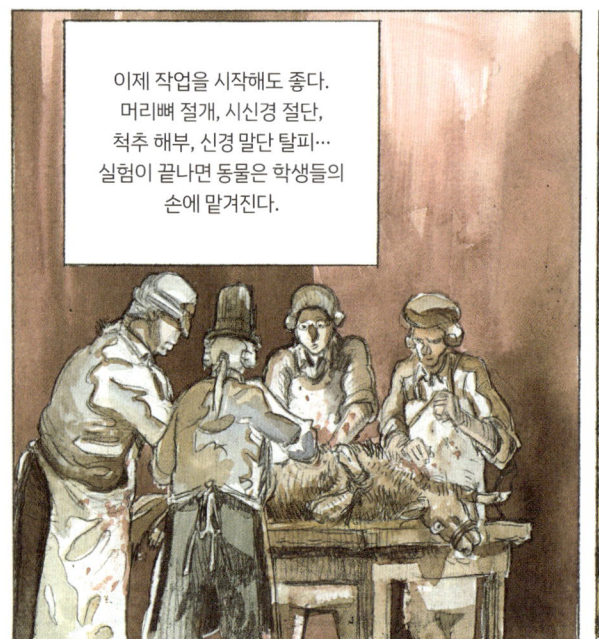

프랑스의 실험실을 방문한 영국 연구자들은 현장을 보고 아연실색해 곧장 분개하며 격렬히 비판한다.

오 마이 갓!

이들은 빅토리아 여왕에게 클로드 베르나르의 친구인 나폴레옹 3세가 개입하게 해달라고 애원한다.

선생님, 그 짐승의 울음소리가…

야아옹

그러나 소용이 없다. 고대에 시작된 생체 해부는 이 시대에 제도화되어 있다.

결국 동물은 도구에 불과한데 상황이 어찌 다를 수 있겠는가?

…

생리학자는 현자요… 그래서 동물의 울음은 들리지 않고, 흐르는 피는 보이지 않고, 오로지 생각만을 보고, 자신이 발견하려는 문제를 감추고 있는 유기체만 알아볼 뿐이죠!

우웩!

이봐, 저건 역설이야. 연구자는 과학이 동물을 활용할 권리를 정당화하려고 자신이 동물과 닮았다는 사실을 부인하지…

그래! 하지만 다른 한편으로는 자기 실험에 의미를 부여하려고 둘의 비슷함을 주장하지!

동물과
19세기 혁명들

LES ANIMAUX ET LES RÉVOLUTIONS DU XIXE SIÈCLE

이로카는 겁에 질린다 (두려움 탓에 광산 바닥에 도착하기도 전에 죽는 말이 많다).

지하에는 좁고 어둡고 습한 통로들이 있다. 소음이 두려움을 자아낸다. 먼지 때문에 숨쉬기 힘들고 힘을 쓰기가 괴롭다.

낮은 천장은 거치적거린다. 이로카는 끊임없이 머리를 낮추어야 한다.

봤어? 새로 온 녀석이야.

1주일도 못 견딜걸.

이로카는 매일 오랜 시간 흙이나 석탄이 실린 수레를 끌며 사람보다 10배 더 많이 일한다.

이로카는 통로에서 걸핏하면 자기를 때리는 몰이꾼을 알아보고 그를 문다. 자기한테 신경 써주는 다른 사람한테는 말 잘 듣는 순한 말이다.

식사 때는 쥐가 와서 곡물을 먹어 치우기 전에 최대한 빨리 먹어야 한다.

친구들 생각은 안 해?

풍덩!

저 녀석 이젠 다 늙었네!

10여 년이 지나 다시 땅 위로 올라간 말들은 들에서 일하거나 전쟁터로 보내지거나 도살당한다.

버릴 것은 하나도 없다.
걱정 마. 올해는 반드시 올라갈 테니까.
프르르
?

브루우우

돌이 떨어지잖아… 좋지 않은걸!

브르oooo

브르oooooooooo우
이로카는 하늘도, 아탈리도 못 볼 것이다.
낙반 사고가 났을 때 사람은 위험을 피해 위로 올라가지만 말은 그 자리에 남겨진다. 도구는 가치가 없다. 이것이 관행이다.

한편 아탈리는 광산으로 보내지는 대신 합승마차를 끈다. 합승마차는 8명까지 탑승 가능한 탈것이다.

도로에서 여행객을 운송하고 운하를 따라 배를 끌 말이 없었다면 운송 혁명은 일어나지 못했을 것이다. 17세기 파리에서 탄생한 도심 대중교통은 19세기 런던에서 말 덕분에 폭발적으로 증가한다.

1865년 파리에서는 말 수만 마리가 31개 노선을 따라 합승마차 664대를 끌며 1억 700만 승객을 운송한다. 1900년쯤 도심 교통수단이 기계로 대체되면서 합승마차는 사라진다.

열역학 기계

18세기 말과 19세기 중반 사이에 인구 증가 속도가 빨라진다. 사회는 도시화하고 시장경제가 발달한다.

프랑스에서 새로운 학문인 축산학이 탄생한다. 실험과학에 기초를 둔 '동물생산학'이다. 축산 전문가들은 자신을 '살아 있는 기계를 다루는 엔지니어'라고 정의한다.

이로써 여전히 노동의 조력자인 농장의 동물은 고능률의 재화 생산자로 바뀐다. 동물은 그 구조를 이해해서 통제하고 신뢰도를 높여야 할 '열역학 기계'로 간주된다.

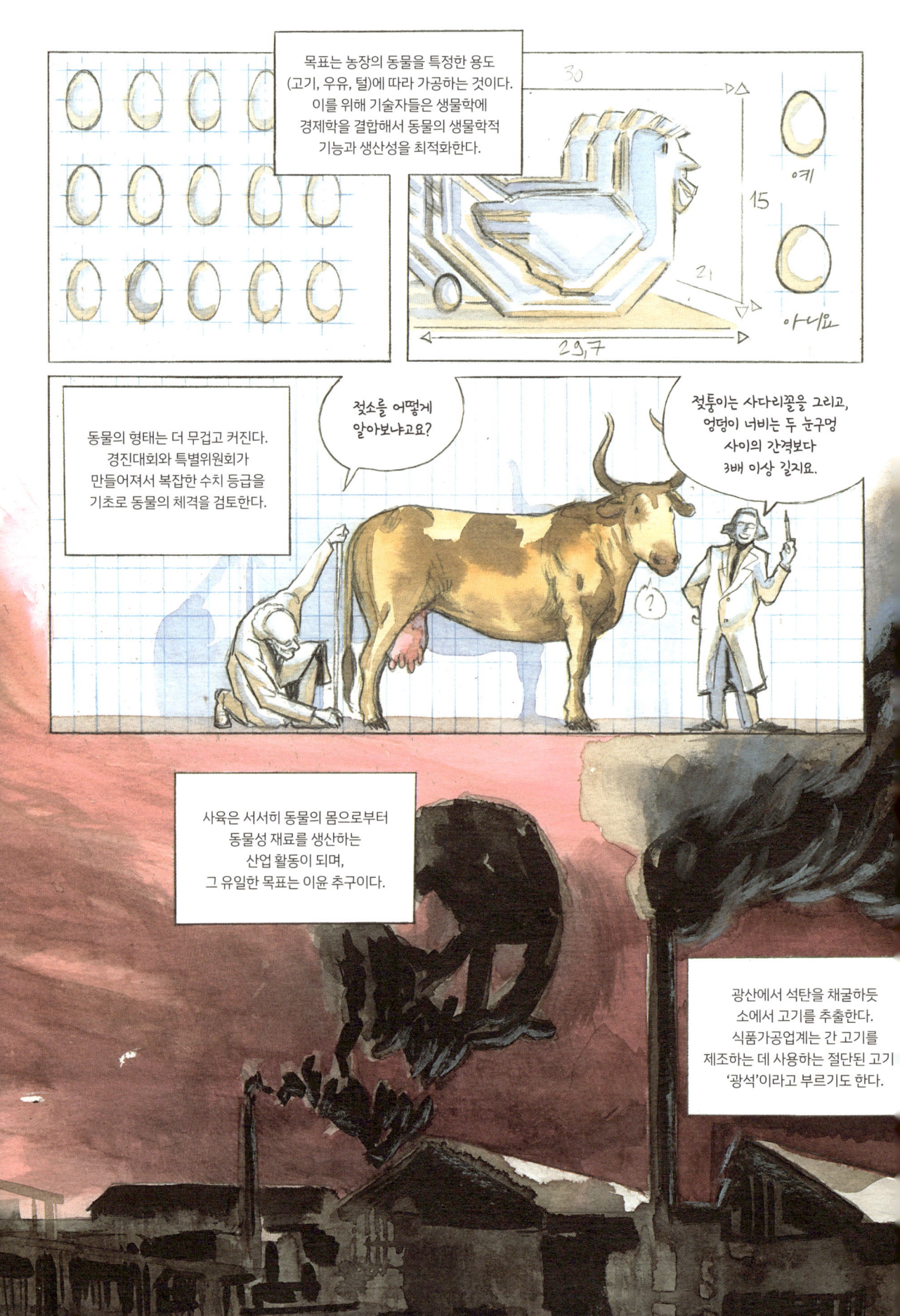

포코폴리스

19세기 초 북아메리카. 들소 수백만 마리가 중서부의 너른 공간에서 자유롭게 오간다.

들소는 평원에 사는 인디언에게 영적 세계의 중심일 뿐 아니라 수 세기 전부터 일상생활의 근간이다.

브루!

프르르

브루우!

철도와 기차역이 들어서고 시카고를 비롯한 대도시가 생기자 오래 이어져온 인간과 들소의 공존은 끝난다.

들소는 처음에 철도를 건설하는 일꾼들의 식량이 된다.

뒤이어 기차 창문에서 총을 쏘아 최대한 많이 죽이고 사체는 그 자리에 썩게 놔두는 취미 사냥의 대상이 되어 몰살당한다.

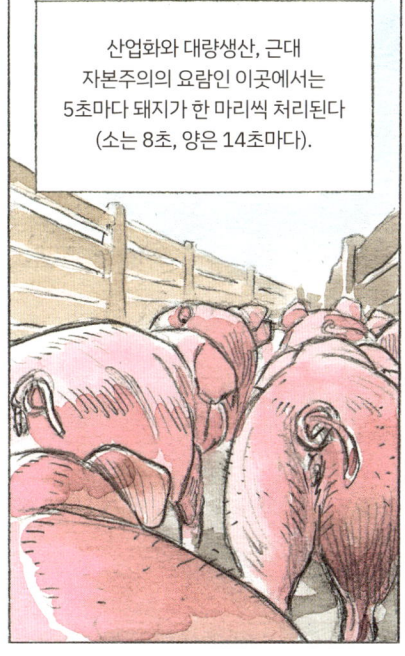

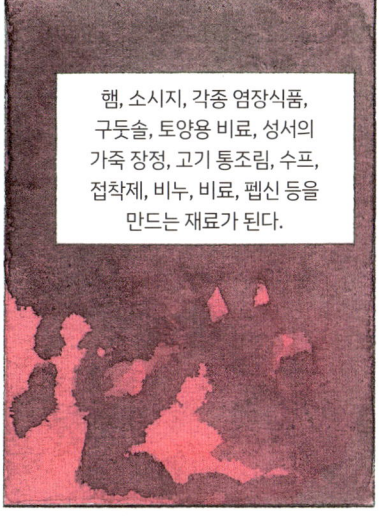

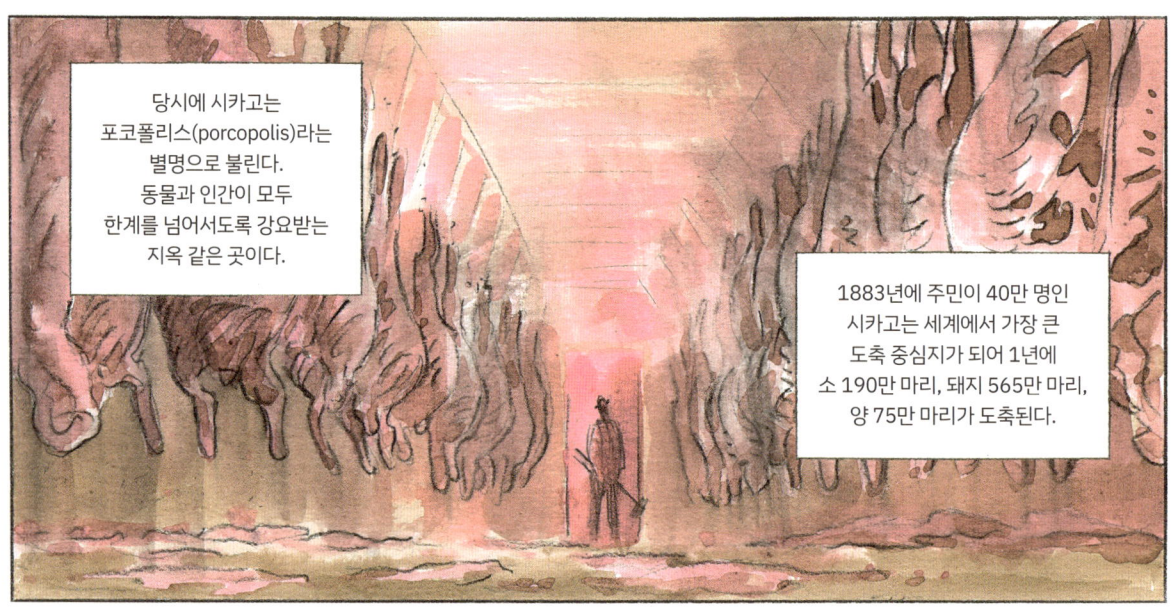

동물보호의 시작

늙은 곰이 새벽부터 묶여 있느라 비틀거린다. 예전에 입은 상처 때문에 아프다. 주변이 시끌벅적해진다. 곰은 사람들이 자기한테 무엇을 바라는지 안다.

곰은 다시 한 번 개들에 맞서 싸워야 한다.

동물은 동력이나 견인력으로 사용되고 도살되어 고기로 먹힐 뿐 아니라 구경거리가 되기도 한다. 투우, 동물 서커스, 말 경주, 길거리 동물 싸움 같은 대중오락이 탄생한다.

이 잔인한 경기는 신석기시대부터 지금까지 모든 문화에 존재했다. 터키에서는 낙타를 싸움 붙이고, 이란 북부에서는 황소, 아프가니스탄에서는 숫양, 중국에서는 수탉과 귀뚜라미, 싱가포르에서는 파리를 싸움 붙였다.

내기 돈벌이에 이끌린 사람들은 모멸당하고 패배하고 서로 죽고 죽이는 동물들에게 자신의 좌절감도 쏟아붓는다.

19세기에 런던이나 파리의 교외 산업 지대에서 소년 푸주한들이 투견을 조직하고, 가끔은 개들을 황소나 당나귀, 멧돼지, 곰과 싸움 붙인다. 파키스탄에서는 아직도 이런 일이 벌어진다.

가난한 이와 부자를 끌어모은 이 대중오락은 19세기 중반 직전에 영국에서 금지되지만 계속해서 은밀히 이루어진다.

사용하고 버리는 동물에서 애완동물로

(인도에서 떠돌이 개가 여전히 그러듯) 개들은 몽둥이로 얻어맞거나 독살당하거나 익사당한다. 떠돌이 동물 보관소는 개들을 실험실로 보내거나 여러 마리씩 매달아 죽게 놔둔다. 하지만 개는 서서히 사물에서 애완동물의 지위로 옮아간다.

시골과 도시에서 개들은 보초와 사냥 말고도 경제에 여전히 중요한 짐꾼 역할을 담당한다. 이는 중세 유럽 초기에 시작된 활동이다.

19세기에 귀족들이 이를 두고 잔인하다며 반대한다. 개한테 멍에를 메우는 일이 금지되고 개 노동이 줄어들며, 개를 애완동물로 삼는 관행이 부르주아 계층에서 유행한다. 역사는 반복된다…

애완견은 고대 이집트와 그리스에 이미 존재했다. 17세기에 사냥개와 크기가 아주 작은 개들은 동반자이자 위세를 과시하는 액세서리로서 왕실과 부르주아의 거처에 가득했다. 프랑수아 1세는 자기 이미지를 가꾸려고 주위에 항상 말과 개, 아름다운 여인을 하나씩 둔다.

18세기부터 개는 귀족 및 부르주아 엘리트층과 매일 가까이 지낸다. 개는 주인의 침대와 식탁을 공유하는 가족의 일원이 된다(루이 13세).

향수를 뿌리고 빗질하고 장신구와 리본, 귀걸이를 달고 옷을 입히기도 한다. 개는 작은 소파에 앉고 초상화로 그려질 권리를 지니며, 문학작품에서 칭송받는다.

애완용 개는 양육을 위해 소형화한다. 납작한 주둥이, 커다란 눈, 오동통한 다리 등 어린 강아지의 크기와 모습을 보존할 목적으로 선별이 이루어진다.

20세기의 동물

LES ANIMAUX AU XXE SIÈCLE

고독을 공유하다

진정한 우주 개척자

때는 전쟁 이후고, 최우선 과제는 재건이다.

실험실에서 기초·응용과학 연구가 활발히 진행된다.

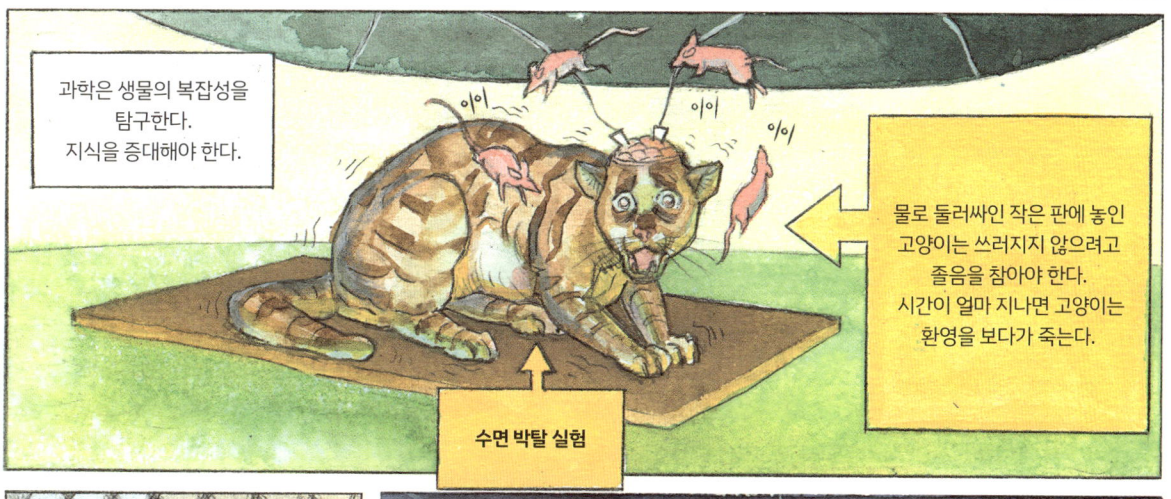

과학은 생물의 복잡성을 탐구한다. 지식을 증대해야 한다.

물로 둘러싸인 작은 판에 놓인 고양이는 쓰러지지 않으려고 졸음을 참아야 한다. 시간이 얼마 지나면 고양이는 환영을 보다가 죽는다.

수면 박탈 실험

성과를 거두는 일은 국가적 사안이다. 연구소가 늘고 산업계는 이들의 연구에 아낌없이 돈을 댄다.

신경세포와 시각피질의 기능을 이해하려고 원숭이와 고양이의 생애 초기 몇 달간 눈꺼풀을 봉합해 시각을 박탈한다.

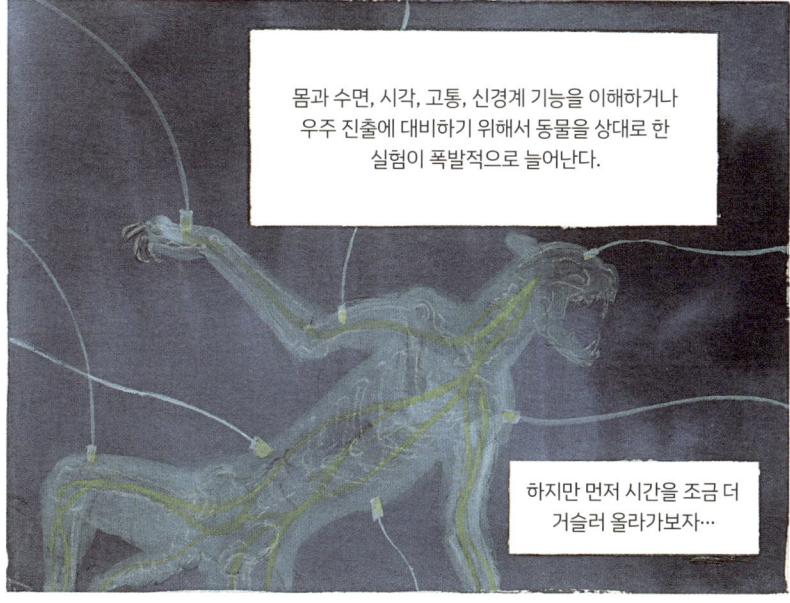

몸과 수면, 시각, 고통, 신경계 기능을 이해하거나 우주 진출에 대비하기 위해서 동물을 상대로 한 실험이 폭발적으로 늘어난다.

하지만 먼저 시간을 조금 더 거슬러 올라가보자…

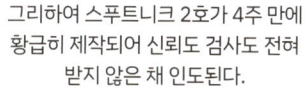

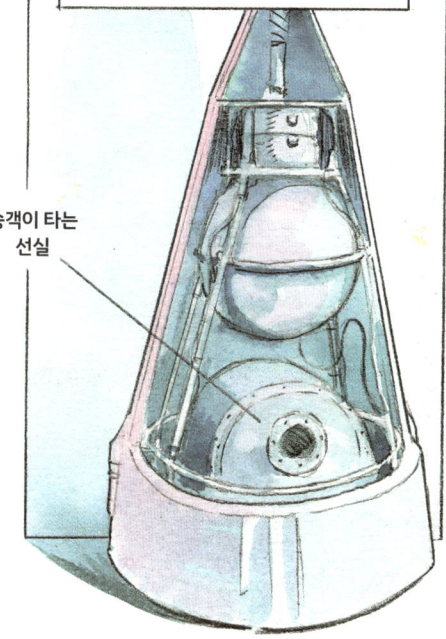

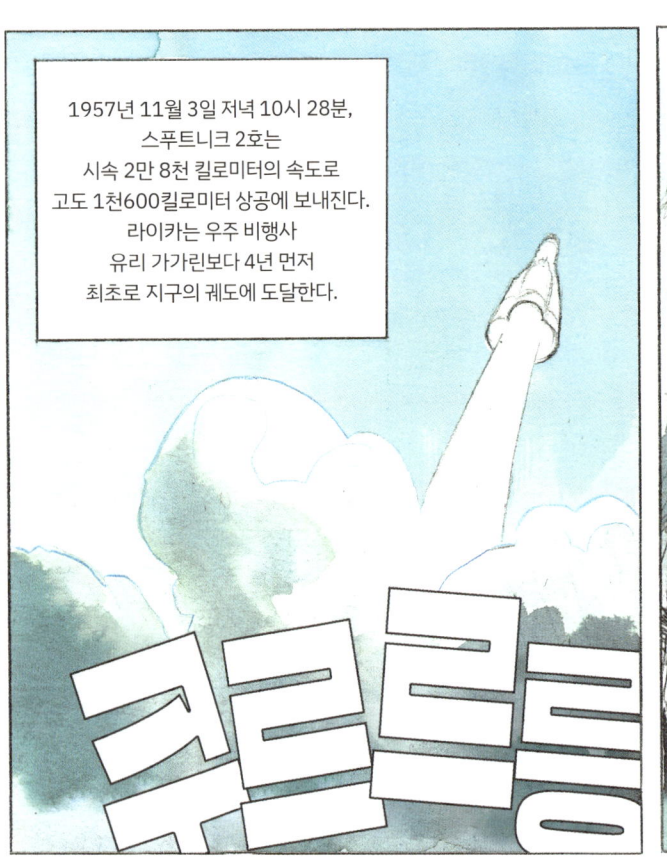

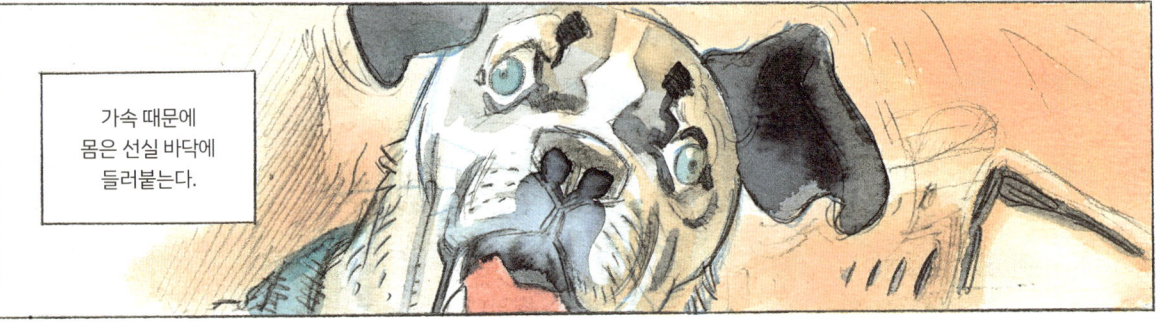

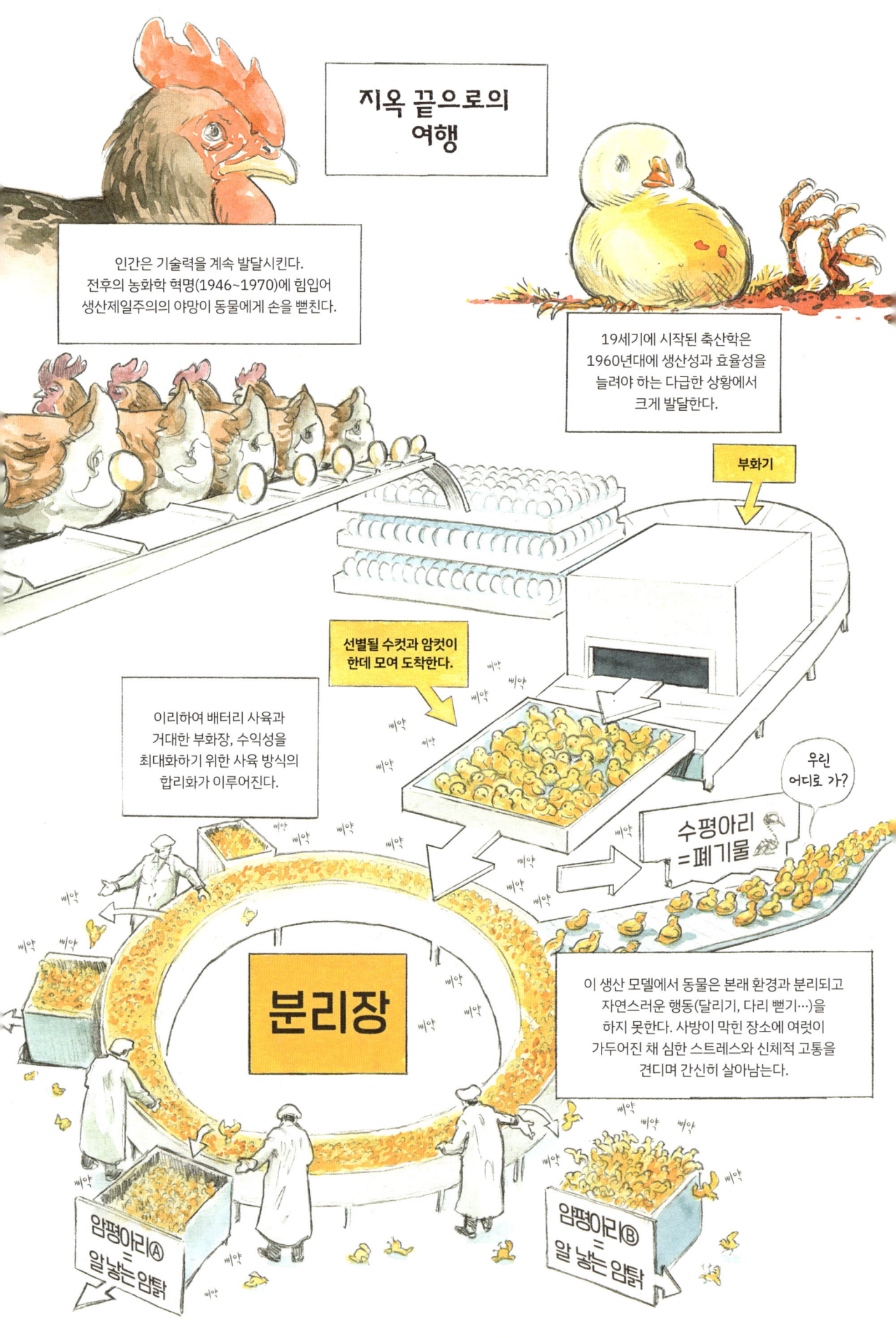

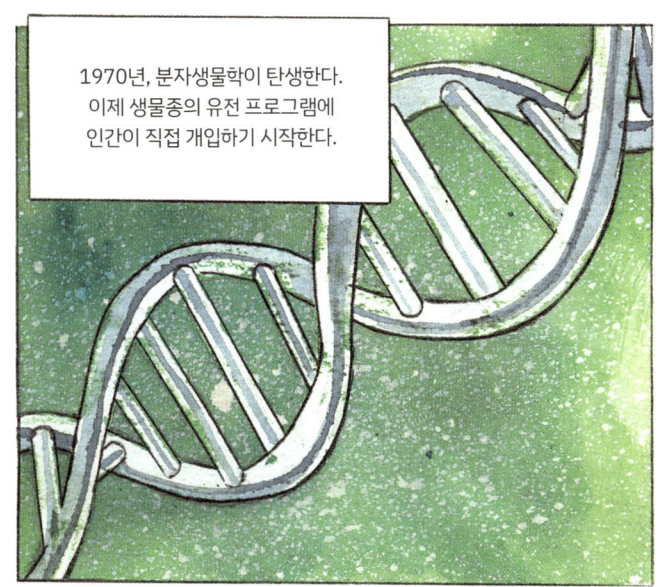

동물 해방

동물윤리, 즉 인간이 동물에 대하여 지니는 도덕적 책임 문제는 20세기가 넘도록 논의되어왔지만, 1970년대에 들어서야 전 세계로 전파된다.

이 움직임은 동물을 산업적으로 활용하는 현실 및 그에 따르는 학대와 관련이 있다.

당시 영국에서는 공장식 축산 및 잔인한 동물실험에 대한 강한 반발이 인다.

이에 따라 옥스퍼드대학의 연구자와 학생들은 동물의 도덕적 지위와 동물이 당하는 처우를 연구하고 인간의 동물 활용에 대한 정당성을 문제 삼는다.

'동물 해방'이라 불리는 움직임이 캠퍼스에서 탄생한다. 이는 영국의 심리학자인 리처드 라이더의 논문에 기초한다. 라이더는 1970년에 '종차별주의' 개념을 고안한다. 인종차별주의와 성차별주의에서 유래한 종차별주의는 다른 동물의 생명이나 이익, 고통이 단지 인간과 다른 종이라는 이유로 인간의 생명, 이익, 고통보다 덜 중요하다고 보는 견해이다.

종차별주의에 따르면 종 사이에 서열이 있고 인류는 다른 종보다 우월하다.

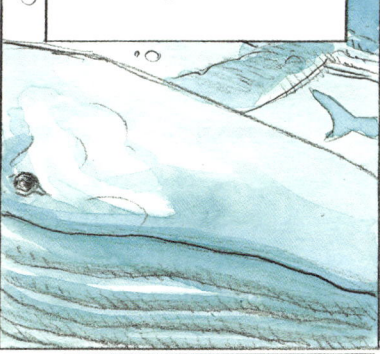

*인간을 포함한 동물종의 행동을 그들이 서식하는 자연환경에서 연구하는 생물학 분야

로렌츠는 오스트리아의 니더외스터라이히주 다뉴브강 곁에 있는 자신의 소유지에서 회색기러기, 갈까마귀, 오리들에 둘러싸여 지내며 그들이 출생하고 사망할 때까지 연구한다. 로렌츠는 그들에게 어미 같은 존재다. 늘 동물들과 함께 먹고 산책하고 자고 헤엄친다.

로렌츠는 자기가 기르는 어린 새들이 태어난 후 일정 기간 안에 처음으로 보는 움직이는 대상(사람이나 동물, 모형)에 애착을 갖고 그것을 자기 어미로 간주한다는 사실을 밝혀낸다.

까까까, 그래, 엄마다… 엄마…

꽥 꽥 꽥 꽥

바로 이것이 각인 현상*이다.

로렌츠는 회색기러기, 오리, 갈까마귀를 연구함으로써 동물이 자동인형이라는 생각을 쓸어낸다. 그리고 동물들의 언어, 불안, 우정을 표현하는 방식, 사랑과 질투에 관해 기술한다.

푸득 푸득 푸득 푸득

위, 아래! 위, 아래! 위, 아래!

그래! 잘한다!

*어린 새는 '어미'의 모습이 그 동물의 본래 모습과 얼마나 닮았는지와 상관없이 어디든 그를 따라다닌다.

이 새로운 연구는 150년 전 다윈이 제시한 이론의 연장선상에서 인간과 동물 사이의 경계에 의문을 던진다. 이것은 또한 과학계에서 이제 막 자각이 이루어지기 시작했다는 신호다.

동물 문화

1960년, 일본 고지마섬에서 자유롭게 서식하는 마카크원숭이 공동체. 연구자들이 1947년부터 이 공동체를 먼 거리에서 관찰한다. 이 원숭이 집단은 오래전부터 흙이 묻은 고구마를 먹는 데 익숙하다. 18개월 된 어린 암컷이 고구마를 바닷물에 씻어 먹는다. 암컷은 흙을 씻어낸 짭짤한 고구마가 좋아서 이 행동을 반복한다.

영장류 여러 종을 자연적인 서식 환경에서 연구하던 여성 영장류학자들은 인간과 동물 사이의 여러 유사성을 밝히고 동물행동학을 진보시킨다.

여성과 대형 유인원

1970년. 인간의 기원을 연구하는 케냐의 고인류학자 루이스 리키는 여성 3명에게 밀림 한복판으로 가서 대형 유인원과 함께 지낼 것을 제안한다.

리키는 동물의 행동을 통계학적으로 연구하거나 학술적으로 해석하지 않으려고 일부러 경험이 없고 과학 교육도 받지 않은 여성들을 택한다.

그들은 도전에 응한다.

다이앤 포시는 콩고 국경에 있는 르완다 비룽가산맥에서 고릴라를 연구한다.

비루테 갈디카스는 보르네오에서 오랑우탄들과 함께 지낸다.

제인 구달은 콩고에서 침팬지 사회로 파고든다.

세 여성은 대형 유인원에게 당시의 관행대로 번호를 붙이는 대신 이름을 지어 부른다. 처음에 그들과 야생 대형 유인원들은 서로를 관찰한다. 서서히 여성들의 존재에 익숙해진 동물들은 그들이 자기 세계에 들어오도록 허락한다.

여성들은 대형 유인원 각 개체에 고유한 내력과 성격, 선호, 능력이 있으며, 동물 사회 및 가족관계가 매우 강하고 복잡하다는 사실을 발견한다.

제인 구달은 당대의 통념을 뒤흔드는 사실들을 전한다. 예를 들어 침팬지는 도구와 무기를 사용하고, 가시와 비로부터 자신을 보호하려고 샌들과 우산을 만든다.

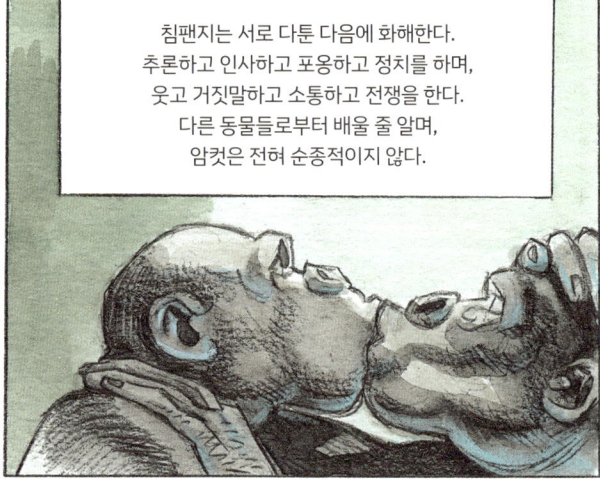

침팬지는 서로 다툰 다음에 화해한다. 추론하고 인사하고 포옹하고 정치를 하며, 웃고 거짓말하고 소통하고 전쟁을 한다. 다른 동물들로부터 배울 줄 알며, 암컷은 전혀 순종적이지 않다.

세 영장류학자가 관찰한 사실은 전 세계에 전해진다.

그때까지 오직 인간만 한다고 여겨진 행동이 대형 유인원에서 관찰된다.

문화를 만들고 유지하던 존재로 추앙받던 인간의 권위가 서서히 바닥에 떨어진다.

21세기의 동물

LES ANIMAUX AU XXIᵉ SIÈCLE

위험에 처한 야생종들

2012년 카메룬의 부바 은지다 국립공원.

코끼리 1천여 마리가 여러 가족으로 나뉘어 서식한다.

각 집단은 '가모장'이라 불리는 가장 나이 많은 암컷이 이끌고 모든 코끼리는 인간이 들을 수 없는 초저주파음으로 아주 먼 거리에서 소통한다.

땅으로 전달된 소리는 발의 뼈를 통한 진동으로 수신된다. 윙윙거리는 소리 덕분에 코끼리는 서로를 식별하고 위치를 파악하고 위험을 경고한다.

집단의 문화적 지식을 구현하는 존재는 나이 든 암컷들이다. 이들은 공동체의 화합을 유지하고, 이동 시 무리를 이끈다.

가모장은 물을 구하려고 구멍을 판다. 새끼들이 물을 마시는 동안 가모장은 나무에서 껍질을 떼어내 씹어서 공처럼 만든다. 그것으로 물구멍을 막고 다시 모래로 덮어 물이 증발하지 않도록 한다.

콱직

하지만 자동소총으로 무장한 밀렵꾼들이 온다. 그들은 코끼리 200마리를 죽이는데, 그들의 유일한 관심사는 코끼리의 엄니입니다. 상아는 중국과 다른 아시아 국가에 불법 수출된다…

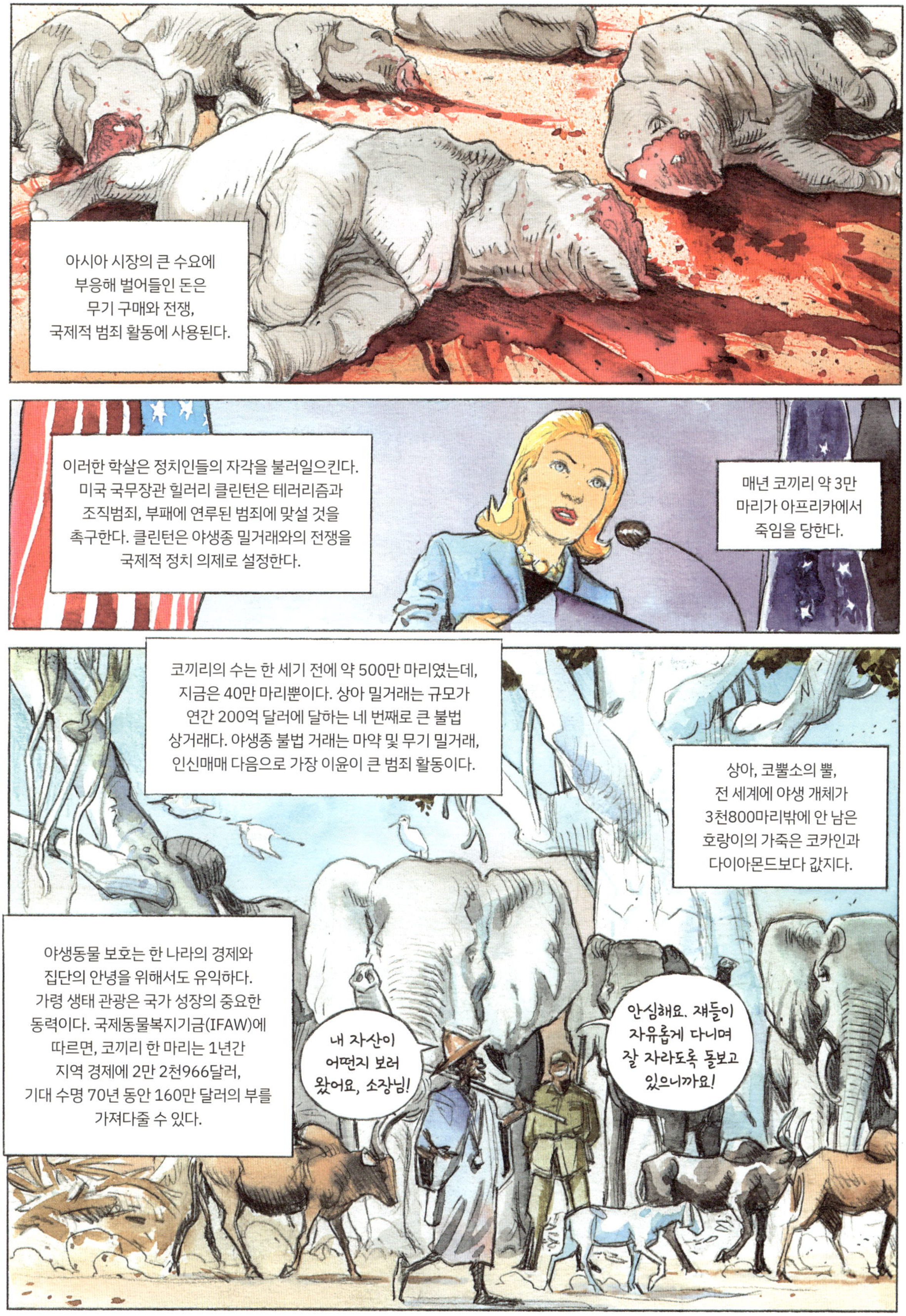

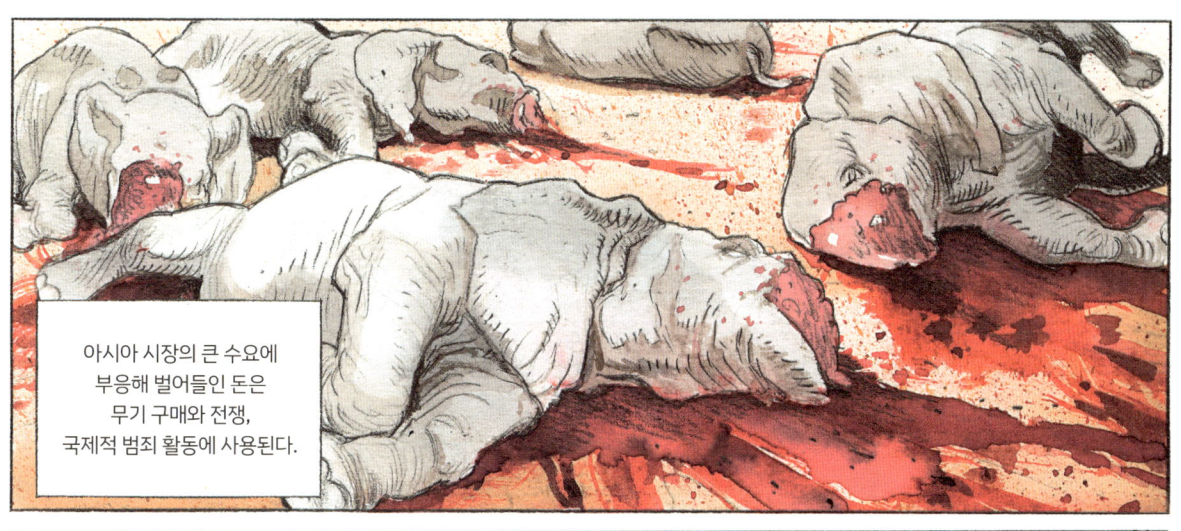

아시아 시장의 큰 수요에 부응해 벌어들인 돈은 무기 구매와 전쟁, 국제적 범죄 활동에 사용된다.

이러한 학살은 정치인들의 자각을 불러일으킨다. 미국 국무장관 힐러리 클린턴은 테러리즘과 조직범죄, 부패에 연루된 범죄에 맞설 것을 촉구한다. 클린턴은 야생종 밀거래와의 전쟁을 국제적 정치 의제로 설정한다.

매년 코끼리 약 3만 마리가 아프리카에서 죽임을 당한다.

코끼리의 수는 한 세기 전에 약 500만 마리였는데, 지금은 40만 마리뿐이다. 상아 밀거래는 규모가 연간 200억 달러에 달하는 네 번째로 큰 불법 상거래다. 야생종 불법 거래는 마약 및 무기 밀거래, 인신매매 다음으로 가장 이윤이 큰 범죄 활동이다.

상아, 코뿔소의 뿔, 전 세계에 야생 개체가 3천800마리밖에 안 남은 호랑이의 가죽은 코카인과 다이아몬드보다 값지다.

야생동물 보호는 한 나라의 경제와 집단의 안녕을 위해서도 유익하다. 가령 생태 관광은 국가 성장의 중요한 동력이다. 국제동물복지기금(IFAW)에 따르면, 코끼리 한 마리는 1년간 지역 경제에 2만 2천966달러, 기대 수명 70년 동안 160만 달러의 부를 가져다줄 수 있다.

내 자산이 어떤지 보러 왔어요, 소장님!

안심해요. 쟤들이 자유롭게 다니며 잘 자라도록 돌보고 있으니까요!

코끼리는 또한 씨와 식물을 먹어서 멀리 퍼뜨린다. 사바나와 숲을 목초지로 만들고, 마른 하천 바닥에 물구멍을 파서 다른 종들에게 물을 공급한다.

모두 아프리카와 아시아에서 동물과 인간에게 이로운 행동이다.

코끼리가 사라지면 동식물 생태계 전체가 함께 사라진다.

아시아에는 도시 확장과 삼림 파괴로 위기에 처한 야생 코끼리 약 4만 마리가 있다.

전 세계에서 동물종은 20분에 하나씩 사라진다. 척추동물의 개체수는 1970년 이후 60퍼센트 줄었다.

1970년대에 생태계 서비스 개념이 대두한다. 생태계의 원활한 기능과 인간의 복지가 상호 연관성이 있다는 의미다. 식물의 가루받이나 토양 형성처럼, 자연이 무료로 제공하는 생태계 서비스의 가치는 전 세계에서 연간 125조 달러 규모에 달할 것으로 추정된다.

어떤 생태계의 생물량은 그곳에서 생활하는 생물의 총량이다.

농경이 시작되었을 때 인간과 가축의 생물량은 모든 포유류 총량의 0.1퍼센트를 넘지 않았다.

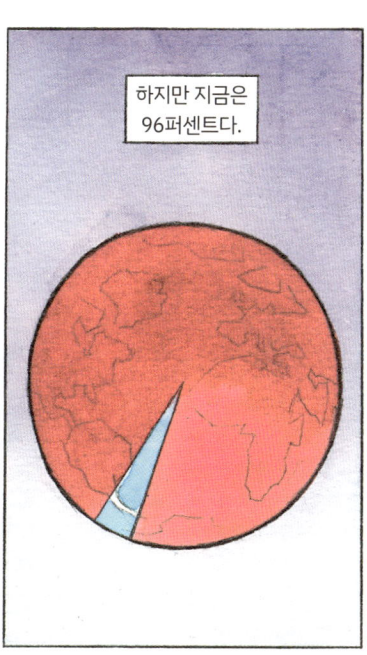

하지만 지금은 96퍼센트다.

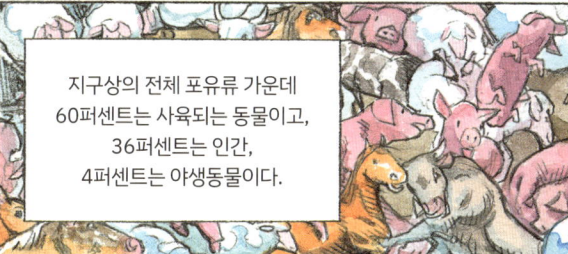

지구상의 전체 포유류 가운데 60퍼센트는 사육되는 동물이고, 36퍼센트는 인간, 4퍼센트는 야생동물이다.

대형 부어(수면 가까이에 사는 물고기)의 90퍼센트가 15년 이내에 사라졌다. 새와 곤충의 멸종 속도도 더 빨라지고 있다. 땅을 비옥하게 만드는 데 필요한 지렁이 수도 오염된 토양에 피해를 입어 줄어들었다.

1950년에는 프랑스의 밭 1헥타르에 지렁이가 2톤씩 있었는데, 지금은 200킬로그램에 불과하다.

어이, 얘들아. 어디 있어? 거기 누구 없어?

인간은 1만 년 전에 500만 명이었는데, 지금은 77억 명이다.
유엔에 따르면 2050년에는 97억, 2100년에는 110억 명이 될 전망이다.

도시의 박새는 도심 교통 때문에 시골에 사는 박새보다 한 음조 더 높게 노래한다. 티티새는 인간의 활동으로 가해지는 청각 및 시각 공해 탓에 수면에 방해를 받아 생체 리듬이 변화한다. 티티새는 구애 노래를 바꾼다. 예전에는 자연의 소리를 모방해서 지저귀며 파트너를 유혹했지만 현재 도시에 사는 티티새는 휴대전화 소리, 자동차 경적, 화재 경고음 등을 재현한다.

벌 같은 화분 매개자들은 사라져간다. 벌은 살충제와 단일경작, 산울타리 제거 등으로 희생된다.

식물을 화분 매개하는 곤충들이 사라지면 환경에 끔찍한 영향을 불러올 테지만, 살충제를 금지하는 나라는 극히 드물다. 산업계의 심한 로비 탓이다.

과학자들은 약 10~15년 전부터 지구상에서 1억 년 동안 진화해온 벌을 대체할 소형 로봇 벌을 개발했다.

실리콘밸리 노동자가 많이 별로 없네.

위이이이잉

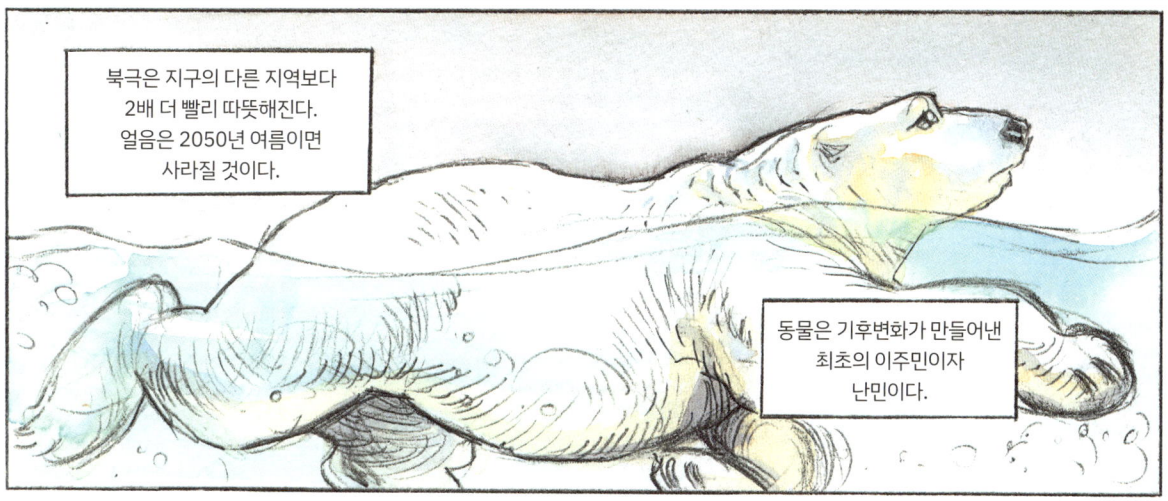

북극은 지구의 다른 지역보다 2배 더 빨리 따뜻해진다. 얼음은 2050년 여름이면 사라질 것이다.

동물은 기후변화가 만들어낸 최초의 이주민이자 난민이다.

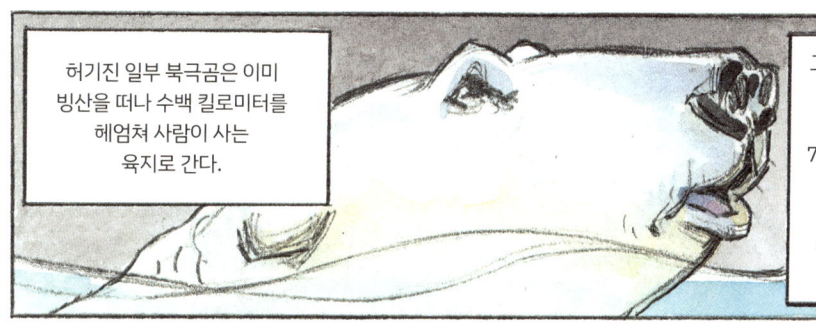

허기진 일부 북극곰은 이미 빙산을 떠나 수백 킬로미터를 헤엄쳐 사람이 사는 육지로 간다.

그러나 곰은 아이슬란드에 도착하자마자 사살당한다. 2019년 러시아 동부, 북극곰 한 마리가 자기 서식지에서 700킬로미터 떨어진 곳에서 발견되었다. 곰은 지역 주민들에게 구조되었다. 2019년 2월에는 공격적인 북극곰 수십 마리가 바렌츠해에 있는 러시아령 노바야제믈랴 제도에 상륙했다.

북극곰만 위기에 처한 것이 아니다. 북극흰갈매기와 바다코끼리도 그렇다. 고래류와 새, 바다표범의 먹이인 플랑크톤과 대구도 마찬가지다.

똑

러시아와 캐나다, 알래스카, 또 알프스산맥에서는 유기물과 식물이 풍부한 영구 동토층이 높은 온도 탓에 녹아내리고 있다.

영구 동토층이 녹으면 수백만 년 전에 사라진 바이러스와 세균뿐 아니라, 기후 온난화를 가속할 온실가스를 방출할 위험이 있다.

동물의 지능

얼마 전만 해도 까마귀는 해로운 동물, 양은 넓적다리 고기에 불과했다. 사람들은 물고기한테 감각능력이 없고, 새한테 지능이 없다고 생각했다. 그러나 불과 몇 년 만에 과학 연구를 통해 동물의 지능이 밝혀졌고 우리가 동물에 대해 지닌 인식 또한 진보했다.

지능, 의식, 감정, 문화, 언어 등 '인간에게 고유한 것'으로 간주되던 모든 것이 실제로는 종마다 정도는 다르지만 동물한테도 존재한다. 동물은 인간과 공통된 능력을 지닌다.

우리는 양의 지능을 왜 그토록 오랫동안 간과한 것일까?

그게 정말이야?

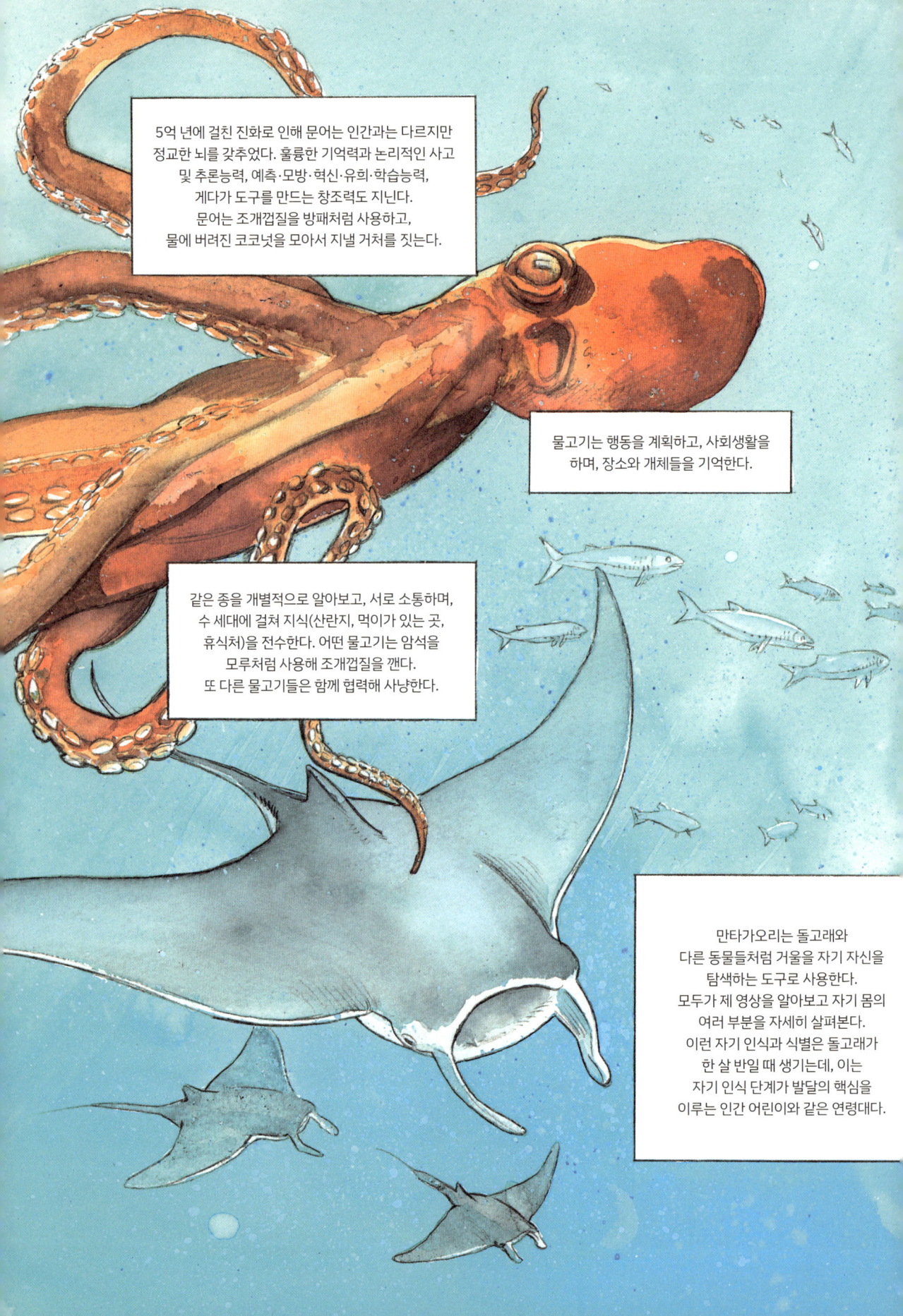

2012년 7월, 케임브리지대학교.

전 세계 신경과학자들은 스티븐 호킹이 참관하는 가운데 언론 앞에서 문어를 비롯한 상당수의 척추·무척추동물이 의식을 지녔고, 따라서 쾌감과 고통을 느낀다는 공식 성명에 서명한다.

동물이 신체적·정신적 고통을 느끼며 애도와 우울을 경험한다는 증거가 확인되었다.

물고기부터 새, 포유동물까지, 동물은 고통을 느낄 수 있다. 또 기쁨을 느끼며 유희를 통해 이를 표현한다.

매우 드문 경우지만 외로운 야생 개체(돌고래와 범고래)가 인간에게 다가와 함께 놀고, 이로써 결핍된 사회적 욕구를 충족하기도 한다.

이런 기쁨은 웃음으로 표현되기도 한다(원숭이, 앵무새, 개 등). 쥐도 (초음파로) 웃는다. 가장 많이 웃는 개체가 친구도 가장 많다!

저 녀석 정말 멋져!

동물윤리

인간이 자신의 즐거움을 위해 동물에게 고통을 가할 권리가 있을까?

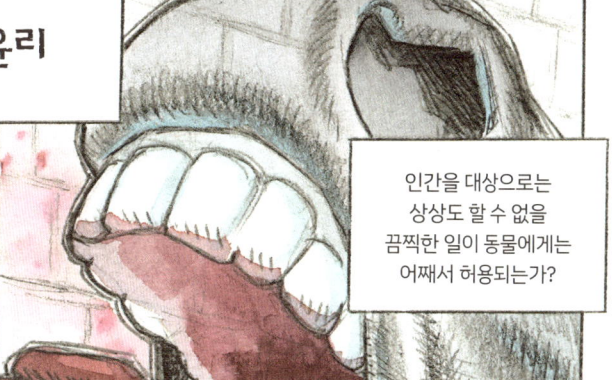

인간을 대상으로는 상상도 할 수 없을 끔찍한 일이 동물에게는 어째서 허용되는가?

수 세기 전부터 동물윤리, 즉 인간이 동물에 대하여 지니는 도덕적 책임이 논의되고 있다.

1970년대부터 이 문제는 영미권에서 더 많이 제기되며, 전 세계 대학에서 이에 대해 가르치고, 매년 여러 연구서가 출간된다.

현재 동물에게 감수성이 있다는 사실에는 이론의 여지가 없다.

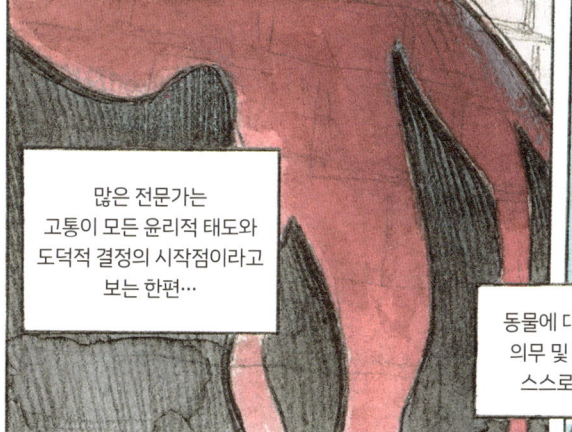

많은 전문가는 고통이 모든 윤리적 태도와 도덕적 결정의 시작점이라고 보는 한편…

동물에 대한 처우는 인간이 자신의 의무 및 동물과 맺는 관계에 대해 스스로 의문을 제기하게 한다.

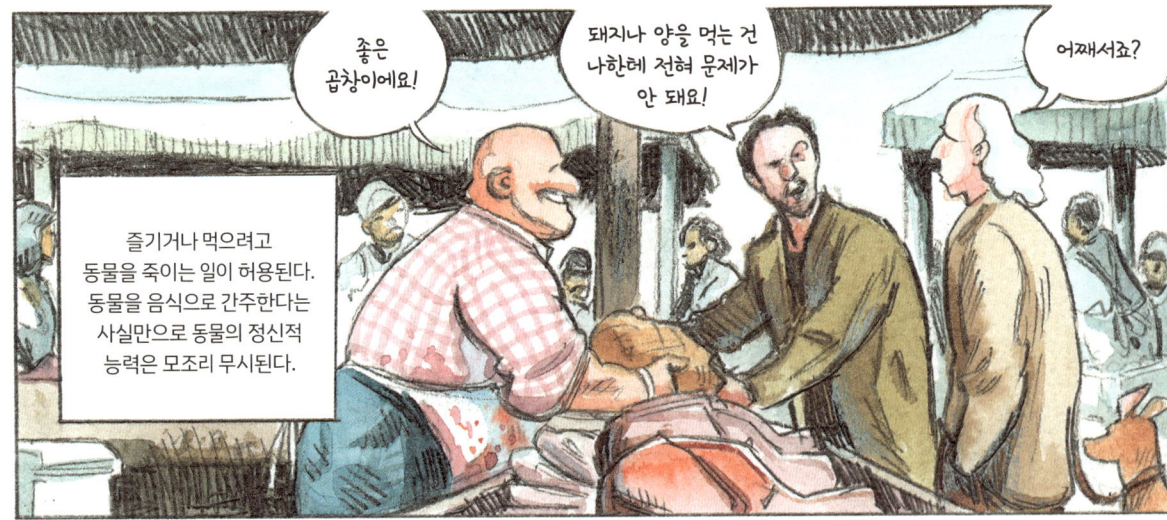

2013년부터 유럽연합은 동물실험을 거친 화장품 판매를 금지하고 있다 (2016년부터는 수입품 포함). 비슷한 법률이 세계 각지에서 만들어진다.

개 주인이 개 교육 수업을 받아야 하는 스위스에서는 1992년부터 동물보호가 헌법에 명시된다. 10년 후에 독일, 2007년에는 룩셈부르크도 그 뒤를 따른다.

프랑스는 2015년에야 민법에서 동물이 동산(動産)이 아닌 감각능력이 있는 존재로 인정받는다. 그러나 한편으로 동물은 여전히 상거래 시 사물에 관계되는 법규로 규제된다.

우리 예쁜 주주는 동산이 아니야. 그렇지, 주주?

멍!

정치권도 이러한 변화에 영향을 받는다. 동물의 권리를 우선적으로 보호하기 위해 만들어진 정당이 전 세계에 20여 개 있다.

가장 오래된 정당인 독일의 동물당은 1993년에 창당되었다.

가장 효율적인 정당은 마리엔 티엠이 이끄는 네덜란드의 동물애호당으로서 2002년에 결성되었다.

2014년부터 이 당은 유럽 의회에 의석을 갖고 있다.

멋지군!

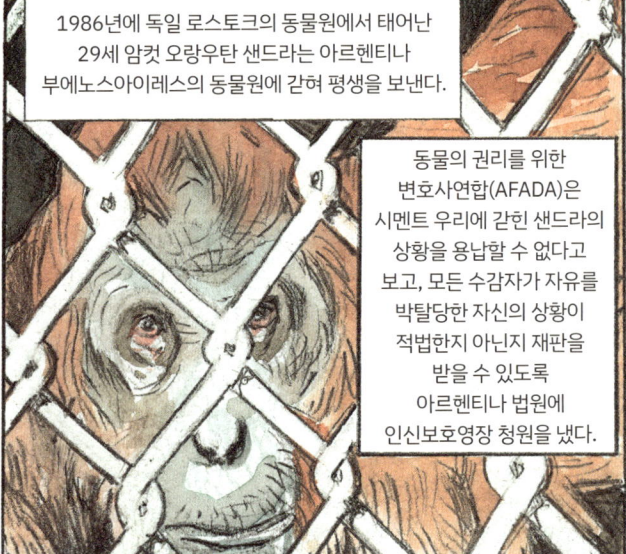

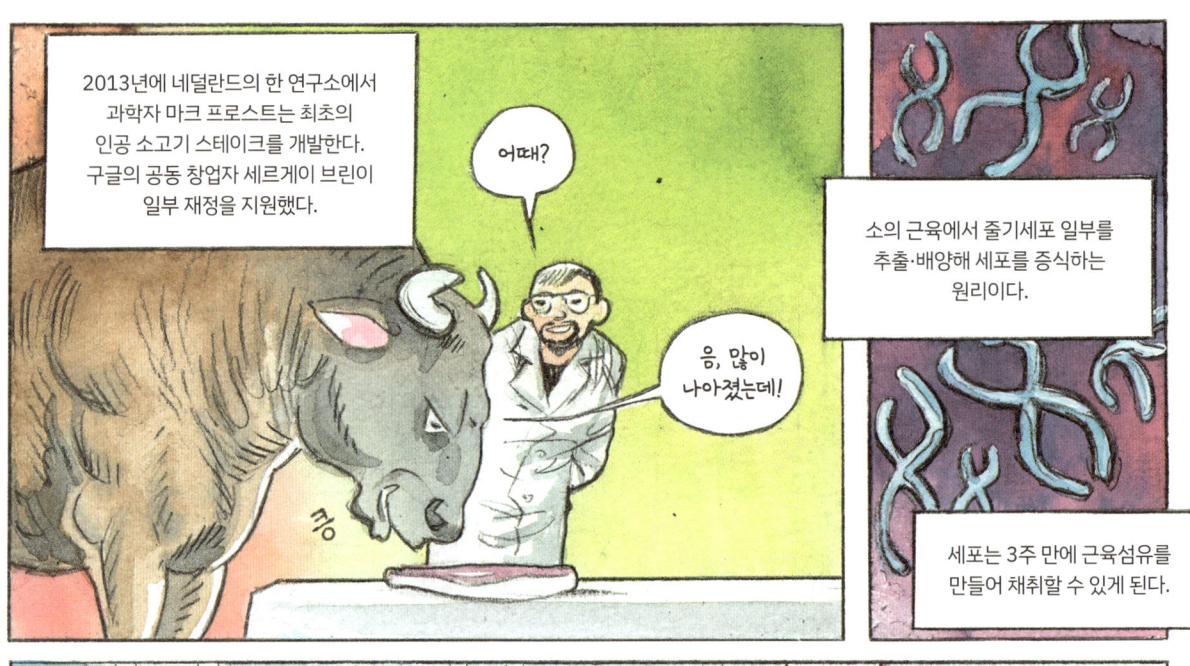

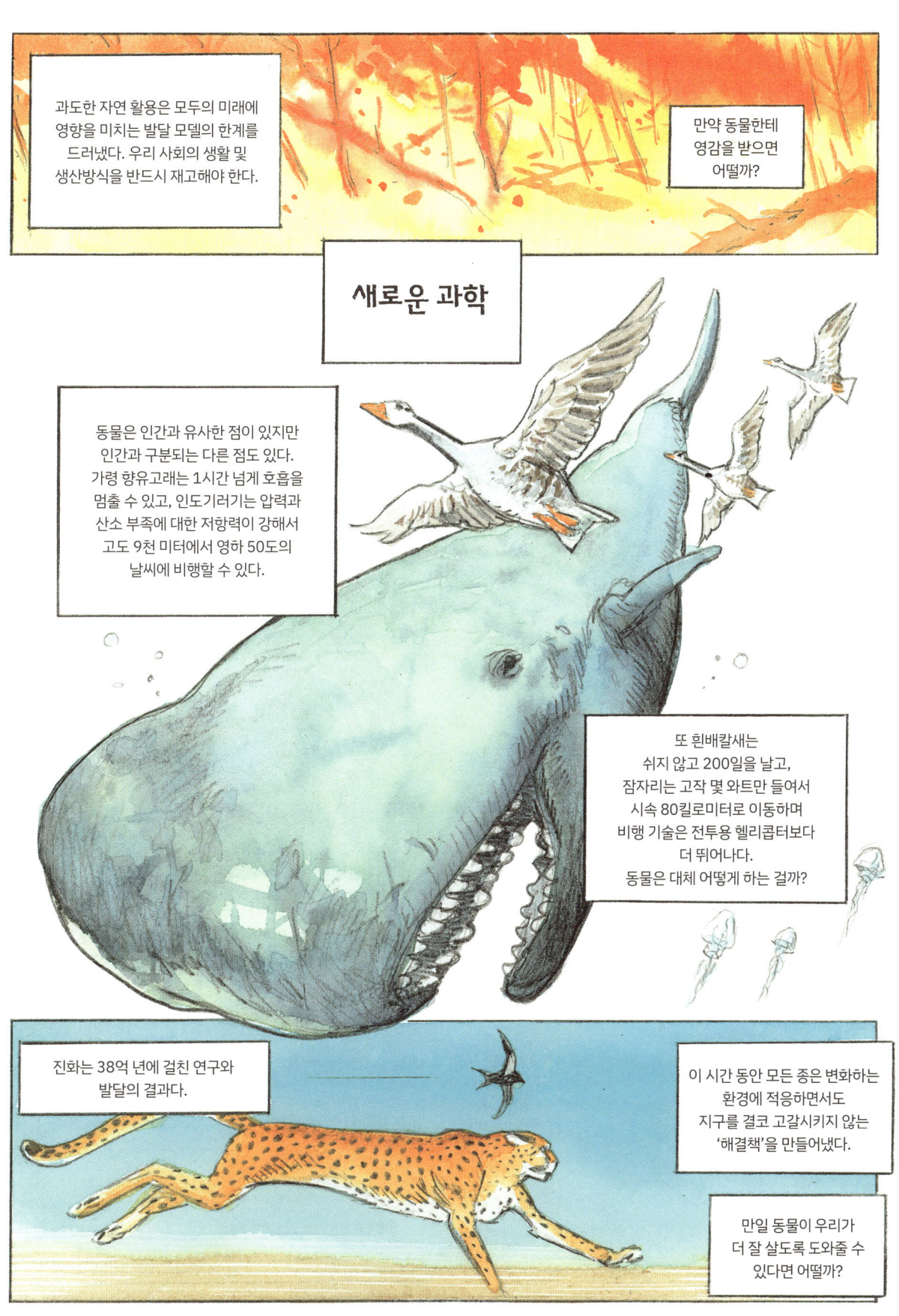

2008년 브라질. 암캐 소피아는 동물행동학자 세자르 아데스와 기호로 이루어진 전자 키보드를 매개로 소통한다.

아데스가 질문을 던지면 소피아는 컴퓨터를 사용해서 답한다. 소피아는 밖에 나가거나 놀고 싶다는 뜻을 전할 때도 자발적으로 컴퓨터를 사용한다.

소피아가 기호 문자를 누르면, 소피아가 해독할 줄 아는 하나 또는 몇 개의 포르투갈어 단어가 행동이나 물체를 가리킨다.

어느 날, 아데스는 개한테 앞에 놓인 곰 인형의 성질에 대해 묻는다.

소피아는 주저하지 않고 그것을 장난감이라고 정의하는 한편, 살아 있는 기니피그는 곧바로 먹이 범주로 구분한다.

수십 년간 동물은 우리가 던지는 질문에 답하기 위해서 인간의 언어를 학습해야 했다.

이제 사람들은 동물이 자기 세계에 관하여 무슨 말을 하는지 알고자 동물의 언어를 해독한다. 함께 소통하기 위한 공통된 언어를 찾아내는 것이 근본 목적이다.

이를 위해 인간과 돌고래가 함께 쓰는 인터페이스가 개발된다. 이것을 이용해서 동물은 자기 고유의 언어로 인간이 이해할 수 있는 메시지를 전하고, 인간도 그렇게 한다.

윌리는 여기에서 나가고 싶어.

틱틱

일부 동물원에서 원숭이는 태블릿을 사용해 자신의 감정을 전달한다.

에필로그

ÉPILOGUE

그렇다면 지금은? 그리고 내일은?

2가지 극단적인 가능성

2가지 가능성이 있어. 알고 싶어?

충고 하나 하자면, 눈을 감거나 그냥 넘어가…

플라톤이 말했지. "인간은 옳은 길로 가는 장님"이라고. 나는 이렇게 말하겠어. 인간이 세상을 바꾸기 위해 스스로 바뀌지 않으면 곧장 실패의 길로 나아갈 거라고.

첫 번째 가능성부터 살펴보자.

호모임베킬루스*

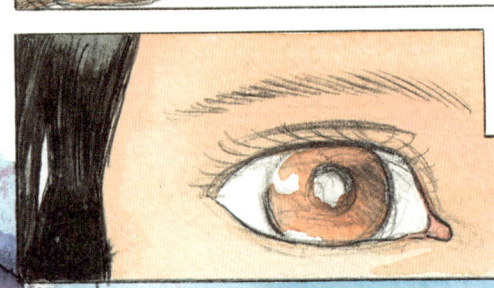

지구는 노천 쓰레기장이다.

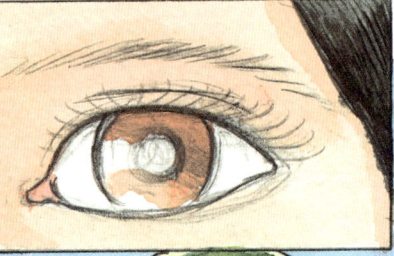

지구에 마지막으로 남은 대형 숲에 있는 나무는 전부 베였다.

숲들이 있던 장소에는 과잉 활용되는 농경지가 생기고, 그 때문에 비옥한 토양은 결국 모래밭이 되었다.

전 세계의 공장식 축산은 각종 범유행 전염병으로 큰 피해를 보았다.

*임베킬루스(imbecillus)는 라틴어로 '약한'이란 뜻인데, '멍청한, 어리석은'을 뜻하는 현대 프랑스어 단어 '앵베실(imbécile)'의 어원이다—옮긴이.

자각, 그리고 지구 정원

인류는 살아남았고 깨어났고 변화했다.

인류는 동물과 소통하며, 동물 및 자연과 협력함으로써 얻을 게 더 많다는 사실, 그리고 동물이 인간의 생활·노동·소비방식을 바꾸는 데 도움을 줄 수 있음을 깨달았다.

화석연료는 사라졌다.

화석연료를 거머쥔 이들의 권력은 신에너지 개발 및 연대와 네트워크에 기초한 새로운 방식의 생태적 자각이 생기면서 무너져 내렸다.

참고문헌

Al-Hafiz, B. A. Masri, *Les Animaux en islam*, Droits des animaux, 2015.

Boris Cyrulnik, *L'Ensorcellement du monde*, Odile Jacob, 1997.

_____, *Mémoire de singe et paroles d'homme*, Pluriel, 2010.

_____, *Si les lions pouvaient parler*, Gallimard, 1998.

Brian Fagan, *The Intimate Bond: How Animals Shaped Human History*, Bloomsbury Press, 2015. (한국어판: 《위대한 공존》, 반니, 2016)

Élisabeth de Fontenay, *Le Silence des bêtes*, Points, 2015.

Élisabeth Hardouin Fugier, *La Corrida*, PUF, 1995.

_____, *Zoos*, La Découverte, 1998.

Éric Baratay, *Bêtes de somme*, Points, 2011.

_____, *Bêtes des tranchées*, Cnrs, 2013.

_____, *Biographies animales*, Seuil, 2017.

_____, *Des bêtes et des dieux*, Cerf, 2015.

_____, *Et l'homme créa l'animal*, Odile Jacob, 2003.

_____, *L'Église et l'animal*, Cerf, 1996.

_____, *Le Point de vue animal*, Seuil, 2012.

Florence Burgat, *L'Humanité carnivore*, Seuil, 2017.

_____, *Le Mythe de la vache sacrée*, Rivages, 2017.

_____, *Une autre existence*, Albin Michel, 2012.

Françoise Armengaud, *Réflexions sur la condition faite aux animaux*, Kimé, 2011.

Georges Chapouthier, *Kant et le chimpanzé*, Belin, 2009.

Gilles Boeuf, *La Biodiversité, de l'océan à la cité*, Fayard, 2014.

Jacques Cauvin, *Naissance des divinités, naissance de l'agriculture*, CNRS, 2019.

Jacques Damade, *Abattoirs de Chicago*, La Bibliothèque, 2016.

Janick Auberger, Peter Keating, *Histoire humaine des animaux*, Ellipses, 2009.

Janine M. Benyus, *Biomimicry: Innovation Inspired by Nature*, William Morrow, 1997. (한국어판: 《생체모방》, 시스테마, 2010)

Jean-Baptiste Jeangène Vilmer, *L'Éthique animale*, PUF, 2015.

_____, *Les Sophismes de la corrida, Revue semestrielle de droit animalier*, 2, 2009, pp.119-124.

Jean-Christophe Bailly, *Le Versant animal*, Bayard, 2007.

Jean-Paul Curtay, Véronique Magnin, *Moins de viande*, Solar, 2018.

Jean-Paul Demoule, *La Révolution néolithique*, Le Pommier, 2013.

Jean-Pierre Digard, *Une histoire du cheval*, Actes Sud, 2007.

Jean-Pierre Marguénaud, Florence Burgat, Jacques Leroy, *Le Droit animalier*, PUF, 2016.

Jean-Yves Bory, *La Douleur des bêtes*, Presses universitaires de Rennes, 2013.

Konrad Lorenz, Les Oies cendrées, Albin Michel, 1989.

_____, *Trois Essais sur le comportement animal et humain*, Seuil, 1974.

Marc Bekoff, *The Emotional Lives of Animals: A Leading Scientist Explores Animal Joy, Sorrow, and Empathy—and Why They Matter*, New World Library, 2007. (한국어판: 《동물의 감정》, 시그마북스, 2008)

Marie Huet, *L'Animal dans l'Égypte ancienne*, Éditions Hesse, 2013.

Martin Gibert, *Voir son steak comme un animal mort*, Lux, 2015.

Robert Delort, *Les animaux ont une histoire*, Seuil, 1993.

Robert Pogue Harrison, *Forests*, University of Chicago Press, 1992.

Roger Fouts, Stephen Tukel Mills, *Next of Kin: My Conversations with Chimpanzees*, Morrow, William, & Co., Inc. 1997. (한국어판: 《침팬지와의 대화》, 열린책들, 2017)

Sophie A. de Beaune, *Les Hommes au temps de Lascaux*, Hachette, 1999.

Sue Donaldson, *Will Kymlicka, Zoopolis*, Oxford University Press, 2011.

Thomas Lepeltier, *La Révolution antispéciste*, PUF, 2018.

Valéry Giroux, Renan Larue, *Le Véganisme*, PUF, 2017.

Vinciane Despret, *Que diraient les animaux si… on leur posait les bonnes questions ?*, La Découverte, 2014.

Yves Christen, *L'animal est-il un philosophe?*, Odile Jacob, 2013.

_____, *L'animal est-il une personne?*, Flammarion, 2009.

_____, *Les Surdoués du monde animal*, Le Rocher, 2009.

Yves Lambert, *La Naissance des religions*, Hachette, 2014.